春の野の花・野草　夏の野の花・野草　秋冬の野の花・野草

散歩で見かける
野の花・野草

Wild flowers & grass of Four Seasons

金田 一
Kaneda Hajime

日本文芸社

■ 花のつくり

*植物用語については p.4〜5 の植物用語解説をご参照ください。

花のつくり

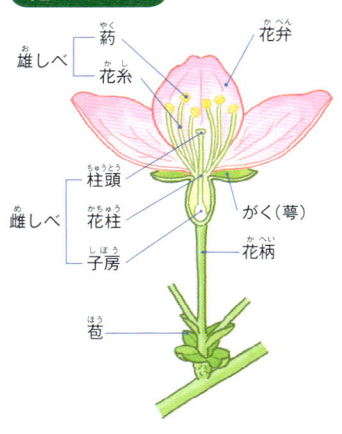

- 雄しべ
  - 葯（やく）
  - 花糸（かし）
- 花弁（かべん）
- 雌しべ
  - 柱頭（ちゅうとう）
  - 花柱（かちゅう）
  - 子房（しぼう）
- がく（萼）
- 花柄（かへい）
- 苞（ほう）

キク科の花の形

キク科の花は頭花（とうか）といって、筒状花（とうじょうか）のみの花、舌状花（ぜつじょうか）のみの花、筒状花と舌状花の両方がついている花があります。

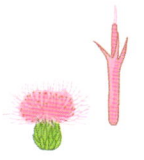

アザミのように筒状花だけでできている花

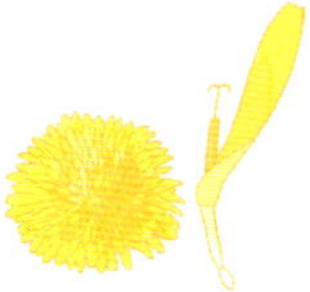

タンポポのように舌状花だけでできている花

ヒマワリやコスモスのように筒状花と舌状花の花がついている花

花の形

- 蝶形（ちょうけい）
- 漏斗形（ろうとけい）
- 唇形（しんけい）
- 鐘形（しょうけい）

花序の形

- 杯状（はいじょう）
- 穂状（すいじょう）
- 総状（そうじょう）
- 円錐状（えんすいじょう）

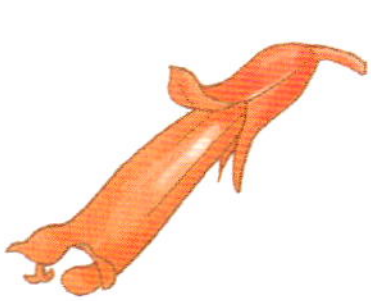

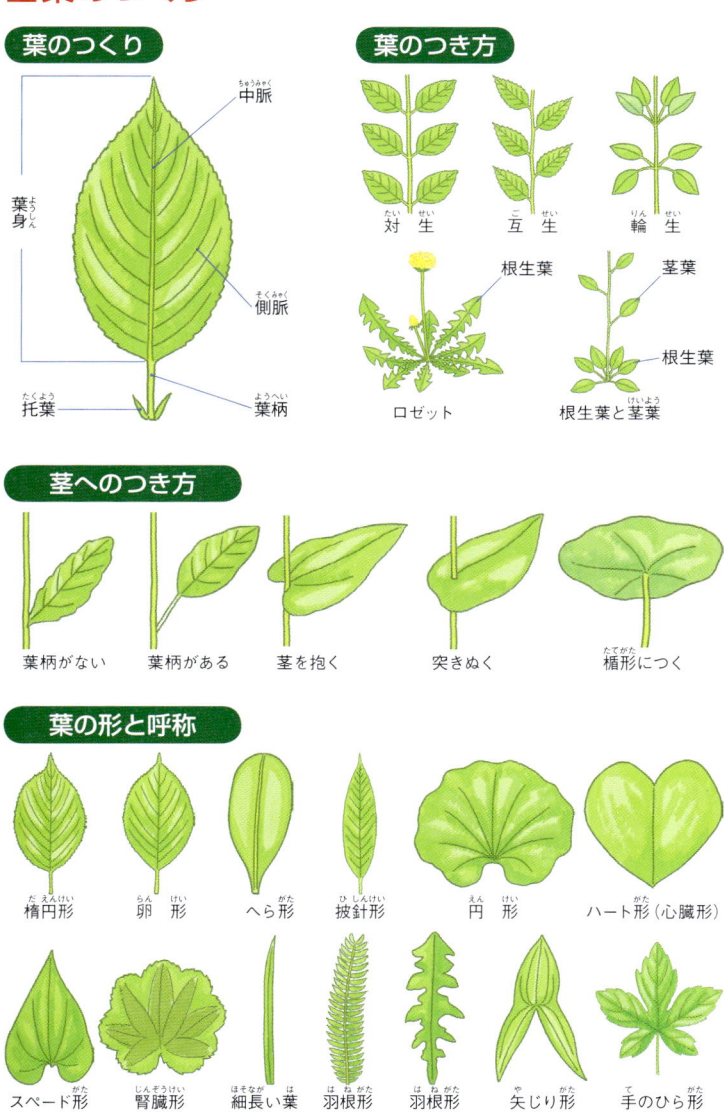

■葉のつくり

葉のつくり

- 中脈(ちゅうみゃく)
- 側脈(そくみゃく)
- 葉身(ようしん)
- 托葉(たくよう)
- 葉柄(ようへい)

葉のつき方

- 対生(たいせい)
- 互生(ごせい)
- 輪生(りんせい)
- ロゼット — 根生葉(こんせいよう)
- 根生葉と茎葉 — 茎葉(けいよう)、根生葉

茎へのつき方

- 葉柄がない
- 葉柄がある
- 茎を抱く
- 突きぬく
- 楯形につく

葉の形と呼称

- 楕円形(だえんけい)
- 卵形(らんけい)
- へら形(がた)
- 披針形(ひしんけい)
- 円形(えんけい)
- ハート形(心臓形)(がた/しんぞうけい)
- スペード形(がた)
- 腎臓形(じんぞうけい)
- 細長い葉(ほそながいは)
- 羽根形(はねがた)
- 羽根形(はねがた)
- 矢じり形(やじりがた)
- 手のひら形(てのひらがた)

■本書に出てくる「植物用語」の解説

本書では、わかりやすい表現を心がけ、なるべく専門的な植物用語は使用しないようにしていますが、どうしても使わざるをえない用語が多少ありました。以下はその用語・解説の一覧です。

羽状(うじょう):1枚の葉が鳥の羽のように切れ込むこと

円錐花序(えんすいかじょ):何回も分枝して全体が円錐状に見える花序

花冠(かかん):1つの花の花びら全体

萼筒(がくとう):萼片の下部がくっついて筒状になっている部分をいう。花冠が筒形になっているのは花筒

萼片(がくへん):花の外側にあるものが萼で、萼の1つ1つを萼片という。花弁と区別できるものと、花弁のように見えるものとがある

花序(かじょ):茎への花のつき方・配列様式。花軸(=茎)上の花の並び方

花穂(かすい):花が稲穂のように、長い小さな花が集まり、円錐状や円柱状になっている花序

花柱(かちゅう):雌しべの子房より上の部分。先端は柱頭という

花被(かひ):萼と花弁をまとめていい、萼を外花被片、花弁を内花被片という

花柄(かへい):1個の花と茎をつなぐ柄のことで、花が複数ついているものは花軸という

冠毛(かんもう):キク科の舌状花や筒状花の子房の上部にある絹のような毛

帰化植物(きかしょくぶつ):本来日本になかった植物が、人の移動や動物の媒介によって外国から持ち込まれて自然に定着した植物。自生植物に対する語

距(きょ):花びらや萼の付け根にある突起部分。内部に蜜をためて昆虫を誘うことが多い

強害草(きょうがいそう):繁殖力が旺盛で、作物などの生育に悪影響を与える雑草

鋸歯(きょし):葉のふちにあるぎざぎざの切れ込み

茎葉(けいよう):茎から出ている葉のこと。根生葉(後出)とは形が違うことが多い

互生(ごせい):葉が互い違いにつくこと

根生・根生葉(こんせい・こんせいよう):根際から葉が出ていること。ただし、根そのものから葉が出ることはない

斜上(しゃじょう):茎が斜めに立ち上がること

雌雄異花(しゆういか):1つの花に雄しべと雌しべのどちらか一方が欠けていること。単性花ともいう

雌雄異株(しゆういしゅ):雄花と雌花が別の株につくこと。同じ株につくことは雌雄同株という

小穂(しょうすい):イネ科で見られるように、小花が穂状についている花序のこと

小葉(しょうよう):複葉についている1枚1枚の葉のこと。「小さい葉」という意味ではない

唇形花(しんけいか):人の唇に似た形の花。筒状の花びらの先が上下の2片に分かれ、唇のような形をしたもの。上側を上唇、下側を下唇という

穂状花序(すいじょうかじょ):長い花軸に柄のない花が多数、互生している花序。下から上に咲き上がる

舌状花(ぜつじょうか):キク科の花(頭花)のうち、外側をとりまく舌のような形をした1つ1つの花

腺毛(せんもう):毛の先端が膨らんでいて、そこから液体を分泌するので、粘る

総状花序（そうじょうかじょ）：柄のある花が長い花軸についている花序で、下から上に咲く

総苞（そうほう）：花の基部を包んでいる、小さいうろこ状の苞の集まり

対生（たいせい）：二枚の葉が向かい合ってつくこと

托葉（たくよう）：葉柄の基部にある葉に似た付属物

単葉（たんよう）：葉全体が一枚の葉身（葉の本体）からなる葉。⇔複葉

中空（ちゅうくう）：タンポポの花茎のように茎の中に組織がなく空っぽの状態のこと。中に組織が詰まっていることは中実という

豆果（とうか）：マメ科のエンドウのような果実で、熟すと2片に裂けて種子が出る

頭花（とうか）：キク科の花のように小花が多数頭状花序について、全体が1つの花のように見える花。頭状花ともいう

筒状花（とうじょうか）：管状花ともいう。キク科の頭花を作る多数の小花のうち、中心部に集まっている筒状の花のこと

頭状花序（とうじょうかじょ）：平たい円盤状の花軸の上に柄のない花が多数集まってついている。略して頭花ともいう

芒（のぎ）：イネ科の植物の花を包む穎（総苞にあたるもの）の先から出る長い針状の突起

杯状花序（はいじょうかじょ）：トウダイグサ科の植物に特有の花序で、さかずきの形をした総苞の中に多数の雄花と1つの雌花入っている

披針形（ひしんけい）：先が尖り、中ほどよりやや下のあたりが広くなっている形

副萼片（ふくがくへん）：萼片の外側に、さらに萼状のものがあるのを副萼といい、1つ1つを副萼片と呼ぶ

伏毛（ふくもう）：茎や葉の表面にぴったりと張り付いてねている毛

複葉（ふくよう）：葉身が2枚以上の小葉からなる葉⇔単葉

粉白色（ふんぱくしょく）：こすれば落ちる程度の白い粉がついているように見える葉の色

閉鎖花（へいさか）：花弁が開かず、つぼみのままで自家受精して結実する花

苞（ほう）：花や芽を包むようにつく葉の変形したもので、葉と変わらないものや葉のように美しいものがある

ムカゴ（むかご）：葉の付け根にできる多肉で球状の芽

葉腋（ようえき）：葉のわき、葉の付け根のこと

葉鞘（ようしょう）：イネ科などの葉で、葉の基部が鞘になって茎を包んでいる部分

翼（よく）：茎や葉柄などの縁に張り出している翼状の平たい部分。ひれともいう

両性花（りょうせいか）：1つの花の中に雄しべと雌しべの両方が存在する花

輪生（りんせい）：茎の節を囲んで何枚も葉がついていること。葉の枚数により3輪生、4輪生、5輪生などと呼ぶ

鱗片（りんぺん）：葉が変形して鱗状になったもの

ランナー（らんなー）：地面を這うように伸びる細い茎のこと。節から根を出して新しい株を作ってふえる。匍匐茎ともいう

漏斗状（ろうとじょう）：アサガオのように花の上部が広がり、漏斗形をしたもの。ちなみに漏斗とは、液体を注ぐときに用いられる器具のじょうごのこと

ロゼット（ろぜっと）：根生葉が地面に平たく放射状に広がっている様子をいう

■本書の使い方

毎日の散歩コースでよく見かける野の花・野草・雑草を、花を咲かせる時期によって「春」「夏」「秋／冬」の季節に分けて紹介しています。花の目立たないイネ科やカヤツリグサ科、シダ植物については、身近なものだけを取り上げました。巻末には、野草たちがロゼットになって冬を越している姿も紹介しました。市街地の野草・雑草はもちろん、ちょっとした草地や土手、雑木林、田畑の周りのほか、水辺や海辺で見かける、よく知られた野草・雑草も載せています。散歩のときに気になった野草・雑草を知るための道具としてぜひ、お役立てください。

植物名

標準和名のほか、園芸種が逃げ出して半野生化しているものは、学名で記載しています。

学　名

植物には「学名」と呼ばれる世界共通の正式な名前があります。学名はラテン語で表記され、属名と種小名(しゅしょうめい)の組み合わせで1つの植物を表わします。属名というのは、仲間分けするときの、互いに似かよった小さいグループのことです。種小名は、その植物の特徴を表わす言葉です。

サブ写真

花のアップ写真によって、メインの写真ではわからない、花の咲き方や雄しべ、雌しべ、萼などの様子がわかるようにしています。

メイン写真

主に花の全体像を紹介し、できるだけその植物が見られる場所や生育環境の状態がわかる写真を選んでいます。

小写真

芽生え、葉や実の様子など、さまざまな観察のポイントを紹介しています。

解説文

名前の由来や似ている仲間を見分けるポイント、花だけでなく葉や生育している様子など、野の花・野草・雑草を知るための情報を紹介しました。

科名

植物は形や性質などによって分類されます。科名はその植物が属する大きなグループの名称です。

花色

その植物の花の色の種類を示しています。
●は赤色、●は桃色、●は黄色、●は橙色、●は青色、●は紫色、●は緑色、●は茶色、●は黒色、○は白色、❈は複色（1つの花が2色以上になるもの）を表わしています。ただし、花色には濃淡があり、微妙な色合いもありますので、あくまで目安としてお役立てください。

生育地

生育地は、「人里」「山地」「湿地・水辺」「海岸」とし、主に見かける場所に色を付けています。

季節のツメ検索・掲載順

開花する季節順に並んでいます。季節の分け方はおおよそ、春を3〜5月、夏を6〜8月、秋／冬を9〜2月としました。各季節の中では植物を科名ごとに50音順にまとめていますが、できるだけ類似植物を並べるために、一部順不同になっています。

花期ツメ検索

1〜12月までのツメで、花の咲く時期に色をつけています。

一口メモ

スペースの都合上解説文では触れられなかった豆知識を記しました。

データ

［分　類］春に種子から発芽し実を結ぶまでが1年以内で、その後枯れてしまうものを「1年草」、1年草の中で秋に発芽して冬を越すものを「越年草」、秋か春に発芽して生存期間が1年以上2年未満のものを「2年草」、2年以上生きて2回以上花をつけるものを「多年草」と呼んでいます。
［花　期］自然の状態で花が咲く時期ですが、地域によっては少しずれることがあります。
［別　名］タイトルに使用した植物名以外で、よく使われる名前です。
［分　布］日本国内での分布地域を示しています。
［草　丈］開花期の植物の丈を示しています。

もくじ

イラストで見る花と葉のつくり	2
本書に出てくる「植物用語」の解説	4
本書の使い方	6
散歩で見かける 春の野の花・野草	9
散歩で見かける 夏の野の花・野草	143
散歩で見かける 秋/冬の野の花・野草	311
さくいん	411

散歩で見かける

春の野の花・野草

オニタビラコ
[Youngia japonica]

●キク科

全体が軟らかで、ロゼット状に広がったタンポポに似た根生葉(こんせいよう)の中から花茎(かけい)を立ち上げ、茎の先に小さな花が集まって咲く。花は朝咲いて午後に閉じる。人家の周辺や街路樹の下、畑地に生え、早春から秋が花の時期だが、暖地では1年中花を見かける。

◀舌状花(ぜつじょうか)だけの花で、花径7〜8mm

分 類：1〜越年草
花 期：3〜10月
草 丈：20〜100cm
分 布：全国
漢字名：鬼田平子

茎は太いが中空(ちゅうくう)で折れやすい

茎が真っ直ぐ立ち上がり、茎葉(けいよう)は上のものほど小さい

根生葉は赤みを帯びる

タビラコ（コオニタビラコ）に似て、全体に毛が生え、太い茎が伸びて大きくなることが名の由来ですが、名ほど荒々しくはありません。

●キク科 **チチコグサモドキ**
[Gnaphalium pensylvanicum]

春

熱帯アメリカ原産の帰化植物で、大正年間に渡来し、現在ではほぼ全国で見かける。全体が白い軟毛で覆われ、灰白色を帯びている。葉はへら形で互生。茎の上部の葉の腋(わき)から出た枝に、淡褐色(たんかっしょく)の小さな花が数個ずつかたまってつき、全体が穂状の花序(かじょ)になる。

花は葉の腋にかたまってつく▶

分　類：1〜越年草
花　期：4〜10月
草　丈：10〜30cm
分　布：ほぼ全国（帰化植物）
漢字名：父子草擬

葉は先端の方が幅が広い

果実は冠毛がある

人家近くの空き地や道端、畑などで見かける

花期
1
2
3
4
5
6
7
8
9
10
11
12

全体に毛が多いことと、葉の腋にかたまってつく薄茶色の頭花(とうか)が特徴。暖地や都心の霜の降りないところでは1年中花を見かけます。

ノボロギク

[Senecio vulgaris]

●キク科

ヨーロッパ原産の帰化植物で、明治のはじめに渡来し畑の雑草になっている。特に春から夏にかけてよく開花するが、暖地や植え込みの下などの陽だまりでは、秋から冬にかけても花を見かける。深く切れ込んだ葉は軟らかで、少し光沢がある。

◀花は枝先に上向きにつく

分　類：1〜越年草
花　期：4〜11月
草　丈：30cm
分　布：ほぼ全国（帰化植物）
漢字名：野襤褸菊

筒状花だけが集まった花はほぼ1年中咲いている

タンポポに似た実が風で飛ぶ

茎は赤紫色を帯びる

名は「野原に生えるボロギク」の意味。ボロとは綿毛がぼろくずのように見えことから命名されました。どこにでも咲いている野草です。

●キク科

フキ・フキノトウ
[Petasites japonicus]

春

早春に地面から顔を出すフキノトウはフキの花の蕾で、淡緑色の苞に包まれている。雌雄異株で、雄花は黄白色、雌花は白い花を咲かせる。雌株のフキノトウは花後に花茎を伸ばし、種子は綿毛とともに風で飛ぶ。地下から出る葉は長い柄をもつ。

食べごろのフキノトウ▶

分 類：多年草
花 期：3～5月
草 丈：40～50cm
分 布：本州～九州
漢字名：蕗・蕗の薹

大型のアキタブキ

雌株は実をつける

待ちわびた春を告げるフキノトウ

花期
1
2
3
4
5
6
7
8
9
10
11
12

🍀 北海道から東北地方には、葉柄が約2m、葉は直径1mにもなる大形のアキタブキがあり、秋田県の県花になっています。

13

オオイヌノフグリ

[Veronica persica]

●ゴマノハグサ科

まだ寒い頃から陽だまりの中で青い花を開く。茎は枝分かれして、四方に広がり葉の腋(わき)に花を1つつける。花柄(かへい)が長いので花はすべて葉の上で咲く。花は朝開いて夕方までには散る。在来種のイヌノフグリは、ピンク色の小さな花を開く。

◀花は青い地に濃色の線がある

分 類	越年草
花 期	2〜6月
草 丈	5〜10cm
分 布	全国（帰化植物）
漢字名	大犬の陰嚢
別 名	ルリカラクサ

やや扁平な果実

色鮮やかな青い花が一面に開くのでよく目立つ

イヌノフグリの花

🍀 花は一日花(いちにちばな)です。ポロリと落ちて、新しい花が次々と咲くので、花ガラ（花のきれいな状態が終わった状態）は見られません。

タチイヌノフグリ。茎は根元で分枝して立ち上がる。花は茎の上部の葉の間で咲き、オオイヌノフグリと違って花柄がないために、あまり目立たない

イヌノフグリの果実。先端が凹んでハート形をした果実が犬の陰嚢のように見えることが名の由来。在来種だが最近少なくなり「希少種」になっている

コゴメイヌノフグリ。東京の小石川植物園に研究用に導入され、まだあまり広がっていない帰化植物。オオイヌノフグリに似ているが白い花を開く

フラサバソウ。ヨーロッパ原産の帰化植物。ツタのような葉をつけるのでツタバイヌノフグリとも呼ばれる。花は淡青紫色で萼や葉の縁に長毛がある

春

キランソウ

[Ajuga decumbens]

●シソ科

茎は立ち上がらず地面を這って四方に広がり、葉の腋(わき)に唇形花(しんけいか)が数個咲く。全体が地に張り付いて広がる様子から「地獄の釜の蓋」の別名がある。また、古来より民間薬として知られ、解熱や咳止めなどに使われ「医者泣かせ」などの地方名もある。

◀花の内側に線状の模様がある

分　類：多年草
花　期：3〜5月
草　丈：5cm
分　布：本州〜九州
漢字名：金瘡小草
別　名：ジゴクノカマノフタ、コウボウソウ

花期
1
2
3
4
5
6
7
8
9
10
11
12

地面にへばりつき蓋をするように広がる

葉はロゼット状に広がる

名の由来は不明ですが、花の色から、紫の古語「き」と藍色の藍(らん)を重ねてキランソウとなったという説があります。

● シソ科

ジュウニヒトエ
[Ajuga nipponensis]

春

日本固有の在来種で、白〜淡紫色の唇形花(しんけいか)を多数咲かせる。全体に細毛が生える。名の由来は、幾重にも重なって花が咲く様子を、平安時代の宮廷女官の装束に見立てたことから。年々個体数を減らしており、絶滅危惧種に指定している地域もある。

花は穂状について下から咲く▶

分　類：多年草
花　期：3〜5月
草　丈：10〜25cm
分　布：本州、四国
漢字名：十二単

葉は長楕円形

庭に咲くアジュガ

茎や葉、花、全体が白い毛に覆われている

花期
1
2
3
4
5
6
7
8
9
10
11
12

雅な名前で人気が高い野の花です。盗掘(とうくつ)などから数が減っています。花壇などでよく見かけるアジュガはヨーロッパ原産の仲間です。

ヒメオドリコソウ
[Lamium purpureum]

●シソ科

道端や空き地などで見かけるヨーロッパ原産の帰化植物。在来種のオドリコソウよりも花が小さいことが名の由来。茎は四角く、鋸歯(きょし)のあるハート形の葉が対生(たいせい)し、葉の表面にしわがある。葉色は茎の上部ほど暗紅色を帯び、遠くからでもよく目立つ。

◀重なった葉の間から花がのぞく

分　類：越年草
花　期：3〜5月
草　丈：10〜25cm
分　布：日本全土（帰化植物）
漢字名：姫踊子草

花期
1
2
3
4
5
6
7
8
9
10
11
12

日当たりの良い場所ほど、上部の葉の色が濃い

シロバナヒメオドリコソウ

葉の表面にはしわがある

明治の中頃に東京で見つかりました。オオイヌノフグリやタンポポ、ホトケノザなどとともに春の野を彩る花のひとつです。

●シソ科

ホトケノザ
[Lamium amplexicaule]

春

真っ直ぐに伸びた茎に、2～3段、段状になって葉が付き、上部の葉の腋(わき)から飛び出るように赤紫色の小さい唇形花(しんけいか)が咲く。霜が降りない暖地の陽だまりでは冬でも花を見かけることもある。茎上部の半円形の葉が、茎を取り囲むようについている。

花は長い筒部をもつ唇形花▶

分　類：越年草
花　期：3～6月
草　丈：10～30cm
分　布：本州～沖縄
漢字名：仏の座
別　名：サンガイグサ

葉の腋に輪生(りんせい)する花

上部の葉は柄がない

葉が段々につくことから、別名は三階草(さんがいぐさ)

花期
1
2
3
4
5
6
7
8
9
10
11
12

丸い葉を仏の座るハスの花に見立てたのが名の由来ですが、春の七草のホトケノザ(コオニタビラコ)とは別種です。

キュウリグサ

[Trigonotis peduncularis]

●ムラサキ科

卵円形の葉を揉むと、キュウリに似た瑞々しい香りがすることが名の由来。ワスレナグサによく似た、清楚な水色の小さな花を次々と咲かせる。花序の先は渦巻状で、花が咲いていくにつれて真っ直ぐに伸びて直立する。全体に短い毛がある。

◀花の中心は黄色みを帯びる

分　類：越年草
花　期：3～5月
草　丈：10～30cm
分　布：日本全土
漢字名：胡瓜草
別　名：キュウリナ、タビラコ

葉の中心にすじが1本ある

公園や道端、庭の隅などでよく見かける雑草

花序の先端が巻いている

昔は、ママゴトグサとかキュウリモミグサなどと呼んで、子どもたちがちぎってままごと遊びに使いました。

●ムラサキ科

ハナイバナ
[Bothriospermum tenellum]

春

小さな淡青紫色(たんせいししょく)の花を咲かせる。葉と葉の間に花をつけることから「葉内花(はないばな)」という。草姿(そうし)がキュウリグサ（p.20）によく似るが、キュウリグサより花期が長く、花の先端は渦巻状にならないので区別できる。葉は長さ2〜3cmの長楕円形で互生(ごせい)する。

花の中心は白色▶

分　類：1、2年草
花　期：3〜11月
草　丈：10〜30cm
分　布：日本全土
漢字名：葉内花

葉の表面にしわがある

花序の先は巻かない　　全体に毛が多く、触るとざらざらした感じがある

花期
1
2
3
4
5
6
7
8
9
10
11
12

茎がよく枝分かれして、葉も広がることから、直径2〜3mmの小さな花はなかなか目立たないのですが、初冬の頃まで咲いています。

ノウルシ

[Euphorbia adenochlora]

● トウダイグサ科

湿った草地に生える。苞葉は鮮やかな黄色で美しく、遠くから見ると花が咲いているように見える。茎や葉を傷つけると有毒の漆のような乳液が出て、皮膚につくとかぶれることが名の由来。春に花を咲かせた後、夏までに地上部が枯れて姿を消す。

◀ 3枚の苞葉に包まれた杯状花序

分　類：多年草
花　期：4〜5月
草　丈：30〜50cm
分　布：北海道〜九州
漢字名：野漆

太い茎が直立し、川岸などに群生する

黄色い苞葉が花のように見える

名は「野に生えるウルシ」の意味ですが、ウルシではなく、ポインセチアの仲間です。

●ヒメハギ科

ヒメハギ
[Polygala japonica]

春

細くて硬い茎に紫色の蝶形の花をつける。3枚の筒状の花弁は、下の1枚が細かく裂けて房状になり、突き出ている。5枚ある萼片(がくへん)のうち2枚が羽のように左右に広がり、一見花弁に見える。これは花が終わると緑色に変わる。葉は卵形(けい)で互生(ごせい)する。

▶下側の花弁の先が房状になる

分　類：多年草
花　期：4～7月
草　丈：10～20cm
分　布：日本全土
漢字名：姫萩

葉は通常冬も枯れない

葉や茎が白い毛で覆われ、縁には赤みがある

花期
1
2
3
4
5
6
7
8
9
10
11
12

> 名は、花がどことなくハギの花に似て、小さくて可愛いので「姫」と冠したものですが、マメ科のハギとは関係のないヒメハギ科です。

23

ウマゴヤシ

[Medicago polymorpha]

●マメ科

ヨーロッパ原産の帰化植物。江戸時代に牧草として導入したものが、全国の草地などで野生化している。葉の腋から伸びた花柄に黄色の蝶形花を複数咲かせる。倒卵形の小葉が3枚つき、葉柄の基部にある托葉がクシの歯状に深く切れ込んでいる。

◀花は長さ3〜5mmの蝶形花

分　類：1〜越年草
花　期：3〜5月
草　丈：10〜60cm
分　布：日本全土（帰化植物）
漢字名：馬肥し

果実は螺旋状に巻く

海岸近くの草地のほか、道端や土手など平地でも見かける

葉は3枚の小葉がつく

名は、飼料として与えると馬がよく肥えるから。牧草のほかに緑肥にも利用されています。マメ科の牧草のアルファルファ（もやしの元）も仲間です。

●マメ科

カスマグサ
[Vicia tetrasperma]

春

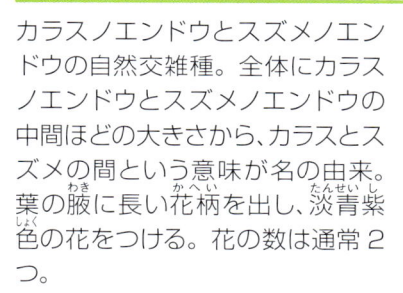

カラスノエンドウとスズメノエンドウの自然交雑種。全体にカラスノエンドウとスズメノエンドウの中間ほどの大きさから、カラスとスズメの間という意味が名の由来。葉の腋に長い花柄を出し、淡青紫色の花をつける。花の数は通常2つ。

花柄の先に花がふつう2個つく▶

分　類：越年草
花　期：4〜5月
草　丈：10〜30cm
分　布：本州〜沖縄
漢字名：かす間草

巻きひげは枝分かれしない

果実は無毛で扁平

蔓性で、周りのものに絡まりながら伸びていく

花期
1
2
3
4
5
6
7
8
9
10
11
12

🍀 巻きひげは枝分かれしない、花を通常2個つける。果実の莢に毛がなく、中に種子が通常4個入っていることなどが特徴です。

25

カラスノエンドウ
[Vicia angustifolia var.segetalis]

●マメ科

葉の腋に紅紫色の蝶形花を開く。葉は8〜16枚の偶数枚の小葉からなる羽状複葉で、先端が通常は3つに分かれて巻きひげ状になる。葉のつけねにある托葉の中央に黒っぽい蜜腺があり、そこから分泌される蜜にアリが群がっているのをよく見かける。

◀花は長さ1.5cmほどの蝶形花

分　類：越年草
花　期：3〜6月
草　丈：30〜100cm
分　布：本州、四国、九州、沖縄
漢字名：烏野豌豆
別　名：ヤハズエンドウ

長い莢には毛がない

つる性で、巻きひげで絡み合い群がって伸びている

シロバナカラスノエンドウ

名は「野に生える豌豆」の意味。熟した莢や種子が黒いことをカラスに見立てたものといわれています。

●マメ科

スズメノエンドウ
[Vicia hirsuta]

春

カラスノエンドウ（p.26）に似ているが、それより全体に小形。葉腋から伸びた長い花柄に、小さな白紫色の蝶形花を3〜7個つける。小葉は6〜7対ついた羽状複葉で、葉の先端が巻きひげ状になり枝分かれする。果実の表面に細毛があるのが特徴。

細い花柄の先に花がつく▶

分　類：越年草
花　期：4〜6月
草　丈：30〜50cm
分　布：本州〜沖縄
漢字名：雀野豌豆

葉は羽状複葉

莢は毛に覆われ中の種子は2個

空き地や道端で見かけるが、カラスノエンドウより少ない

花期
1
2
3
4
5
6
7
8
9
10
11
12

カラスノエンドウより小さく繊細なことから、カラスに対してスズメを当てたのが名の由来です。

イヌナズナ

[Draba nemorosa]

●アブラナ科

全体に毛が多い小さな草で、白緑色のへら形の葉を、ロゼット状に広げた中から茎を立ち上げる。茎葉(けいよう)は基部(きぶ)で茎を抱く。先端に小さな黄色の4弁花をつける。名は、春の七草のナズナ(p.29)に似るが、食用にはならず役に立たないという意味で「犬」を冠したもの。

◀花は黄色で花径(かけい)4mmほど

分　類：越年草
花　期：3～6月
草　丈：10～20cm
分　布：北海道～九州
漢字名：犬薺

果実は平たい長楕円形

草地や道端などの荒れ地で見かける

根生葉(こんせいよう)は毛が密生している

花期
1
2
3
4
5
6
7
8
9
10
11
12

ナズナの名がありますが、ナズナの仲間ではないので、根生葉は切れ込まず、花の色や果実の形が違います。

ナズナ
[Apsella bursa-pastoris]

●アブラナ科

春

春の七草のひとつで、古来より馴染みの深い春の野草。田畑や水田、道端、荒れ地などいたるところで見かける。根生葉はロゼットを形成し、羽状に深く裂ける。白く小さな4弁の十字花を多数つける。果実は特徴のある倒三角形で先端がへこむ。

◀花は白色の十字花

分　類：越年草
花　期：3〜6月
草　丈：10〜50cm
分　布：日本全土
漢字名：薺
別　名：ペンペングサ、シャミセングサ

三角形の果実

食用にする若苗

霜の当たらないところでは冬でも花を見かける

花期
1
2
3
4
5
6
7
8
9
10
11
12

ロゼットで冬を過ごす様子が愛らしいので、「撫菜」の意。また、夏に枯れてなくなるので「夏なき菜」から変化した説など、名の由来は色々。

タネツケバナ

[Cardamine scutata]

●アブラナ科

田んぼに春の到来を告げる花。花期が長く、春早い頃は低い位置で花を咲かせるが、初夏には草丈が高くなって、円柱形の果実をつけて高い位置で咲いている。茎の基部は紫色を帯びて多少毛がある。葉は羽状に裂け、先端の小葉が最も大きい。

◀花弁は白色で4枚の十字花

分 類：越年草
花 期：3〜6月
草 丈：10〜30cm
分 布：日本全土
漢字名：種漬花
別 名：タガラシ

辛味があり、若苗は食用になる

多く枝を出して立ち上がり、次々と花をつける

茎の基部は紫色を帯びる

花が咲く頃、イネの種籾を水につけて田植えの準備を始めたというのが名前の由来。田に生えるカラシの意で、田芥子の別名があります。

●ケシ科 **ナガミヒナゲシ**
[Papaver dubium]

春

地中海沿岸、中欧原産の帰化植物。急速に各地に分布し、空地や畑、道端などの荒地で繁殖している。葉は羽状に深裂し互生。茎葉全体に白い毛が密生する。長い花柄の先に4弁の朱赤色の花を上向きに咲かせる。長卵形の果実の形が名の由来。

花径3〜6cm。多数の雄しべがある▶

分　類：1年草
花　期：4〜5月
草　丈：15〜50cm
分　布：関東以西（帰化植物）
漢字名：長実雛罌粟、
　　　　長実雛芥子

名前の由来の果実

葉は羽状に深く裂ける

長い花茎の先に開く朱赤色の花がよく目立つ

花期
1
2
3
4
5
6
7
8
9
10
11
12

🍀 1961年に東京都世田谷区で最初に発見されました。ケシの仲間ですが、アヘンの原料となるアルカロイドは含んでいません。

キツネノボタン

●キンポウゲ科

[Ranunculus silerifolius]

水田の畦（あぜ）や溝のそばなど、湿り気のある場所でふつうに見かける野草。黄色い花と金平糖（こんぺいとう）のような果実が特徴。この野草は全体に少し毛があるか無毛だが、よく似たケキツネノボタンは粗い毛が生えてざらついた感じがする。どちらも有毒植物。

◀花は直径1.5cmで光沢がある

分　類：多年草
花　期：4〜7月
草　丈：30〜60cm
分　布：本州〜九州
漢字名：狐の牡丹
別　名：コンペイトウグサ

果実の突起の先が曲がる

春から夏にかけて黄色の5弁花を次々と開く

ケキツネノボタン

野原に生え、葉の形がボタンの葉に似ていることが名の由来です。草全体に有毒成分を含み、汁が皮膚につくと水ぶくれを起こします。

●キンポウゲ科

タガラシ
[Ranunculus sceleratus]

春

水田や用水路などに自生する水田雑草のひとつ。太い茎が直立し、分枝（ぶんし）した茎の先端に黄色い5弁花を多数つける。花後にできる果実はやや長い球状なので、果実が金平糖（こんぺいとう）状になるよく似たキツネノボタン（p.32）などとは区別できる。葉は無毛でツヤがある。全草に有毒性。

花の緑の部分は雌しべの集まり▶

分 類：越年草
花 期：3〜5月
草 丈：30〜50cm
分 布：日本全土
漢字名：田辛し

根生葉（こんせいよう）には長い柄がある

果実が細長いのが特徴

茎の上部につく葉の裂片（れっぺん）が細かく裂ける

花期
1
2
3
4
5
6
7
8
9
10
11
12

水田に生え、葉や茎をかむと辛みがあることが名の由来といわれていますが、毒草なので、かんで確かめるのは危険です。

ヒメウズ

[Semiaquilegia adoxoides]

●キンポウゲ科

公園の隅や道端、藪、人家ちかくの石垣などで見かける。根生葉は長い柄のある3枚の小葉からなり、裏面は紫色を帯びている。ひょろひょろとした細い茎が直立し、分枝した枝の先にやや淡紅紫色を帯びた小さな白い花がうつむいて咲く。

◀花弁のように見えるのは萼片

分　類：多年草
花　期：3～5月
草　丈：10～30cm
分　布：関東地方以西～九州
漢字名：姫烏頭

花期
1
2
3
4
5
6
7
8
9
10
11
12

清楚な小形の花が下向きに咲いて、春を告げる

華奢な草姿で高さ20cm前後

🍀 名の烏頭はトリカブトのこと。地中の根茎がトリカブトに似ていて、花が小さいことが名の由来ですが、オダマキの仲間です。

ツメクサ
[Sagina japonica]

●ナデシコ科

春

全体に小さく、アスファルトのわずかな隙間でも見かける。庭や畑などにはびこると除草が困難なことから、コゾウナカセの別名もある。葉はやや厚く深緑色で対生し、細長く線形（せんけい）で先端が針の先のように尖る。葉の腋（わき）に小さな白い5弁花を咲かせる。

▶緑色の萼片（がくへん）も5枚ある

分 類：1〜越年草
花 期：3〜8月
草 丈：2〜15cm
分 布：日本全土
漢字名：爪草
別 名：タカノツメ、コゾウナカセ

葉は線形で先が尖る

果実の先が5裂して開く

基部で分枝（ぶんし）して地を這（は）うように広がる

花期
1
2
3
4
5
6
7
8
9
10
11
12

鳥の爪のような先が尖った細長い葉の形状が、名の由来です。同じような理由からタカノツメとも呼ばれています。

ノミノツヅリ

[Arenaria serpyllifolia]

●ナデシコ科

全体に白く短い毛がある。株もとからよく枝を分けて、丸く広がり、卵形の葉が対生する。花は白い5弁花で、葉の腋から出る花柄の先に1つずつ咲く。ノミノフスマに似ているが、花弁の先が裂けないので区別できる。5つある萼片の先が強く尖る。

◀萼片が花弁より長く、突き出る

分　類：1～越年草
花　期：3～6月
草　丈：15～25cm
分　布：日本全土
漢字名：蚤の綴り

卵形の葉が対生する

道端や街なかの空き地など、どこでもよく見かける野草

茎の上部は直立する

名の「綴り」とは破れをつぎはぎした粗末な着物のこと。小さな丸い葉が集まってついている様子を、蚤が着るような衣にたとえて名付けられました。

●ナデシコ科

ノミノフスマ
[Stellaria alsine var. undulate]

春

田畑の畦や野原など、やや湿った場所に生える。茎は基部で分枝をくり返し、地面に丸く広がる。長楕円形で先が尖った葉は柄をもたずに対生する。花は5弁花だが、基部まで深く切れ込み一見すると10弁花に見える。花弁は萼片よりやや長い。

花弁が深く切れ込んだ5弁花▶

分　類：1〜越年草
花　期：4〜10月
草　丈：5〜30cm
分　布：北海道〜九州
漢字名：蚤の衾

細長い葉の先が尖る

枝分かれして広がる

茎、葉ともに無毛で、全体にきれいな緑色をしている

花期
1
2
3
4
5
6
7
8
9
10
11
12

🍀 名の衾とは寝具のことです。小さな葉の形を蚤が使う布団に見立てて名付けられました。

ハコベ

[Stellaria media]

●ナデシコ科

春の七草のひとつで、古来より食用として重宝されてきた。名の由来に、古名の「ハクベラ」から「ハコベラ」となりハコベに転じたという説がある。小さな白い星形の5弁花は、花弁の先端が2つに深く裂けるので10弁花のように見える。コハコベは茎の赤みが強い。

◀雌しべの花柱は3本

分　類：越年草
花　期：3〜9月
草　丈：10〜30cm
分　布：北海道〜九州
漢字名：繁縷
別　名：ミドリハコベ

茎に赤みがあるものはコハコベ

茎が緑色なのでミドリハコベの別名もある

卵形（らんけい）の葉が対生（たいせい）する

朝日を受けて花が開くので、「朝開け」から転化してアサシラゲとか、小鳥の餌にするのでヒヨコグサなどとも呼ばれています。

●ラン科

シュンラン
[Cymbidium goeringii]

春

日の差し込む落葉樹林下で見かける。名は「春に咲くラン」の意味。早春に線形の葉の中から立ち上げた花茎の先に、淡黄緑色の花を通常1輪開く。花弁に見えるのは3枚の萼片で、中央に2枚の側弁と1枚の唇弁があり、唇弁に濃赤紫色の斑点が入る。

唇弁に斑点がある▶

分　類：多年草
花　期：3〜5月
草　丈：10〜20cm
分　布：本州〜九州
漢字名：春蘭
別　名：ホクロ、ジジババ

葉は常緑で冬も枯れない

ふつう1茎1花

隠れるようにひっそりと咲く姿は可憐

花期
1
2
3
4
5
6
7
8
9
10
11
12

🍀 花の下部にある唇弁に赤い斑点模様があります。この斑点をほくろに見立ててホクロの別名があります。

ウラシマソウ

[Arisaema urashima]

●サトイモ科

釣り糸のような付属体は長さ60cmにもなり、上に伸びてから後方や前方に垂れ下がる。紫褐色で花のように見えるものは、仏像の光背(こう)に似ているので、仏炎苞(ぶつえんほう)と呼ばれる苞葉(ほうよう)。葉は1枚で、開花時は仏炎苞より上に出て上部の小葉(しょうよう)が傘状に開く。

◀仏炎苞の筒部は暗紫白色

分　類：多年草
花　期：4〜5月
草　丈：30〜50cm
分　布：北海道〜九州
漢字名：浦島草
別　名：ヘビクサソウ

花期
1
2
3
4
5
6
7
8
9
10
11
12

花のような仏炎苞は葉の下にある

春に出る芽は円錐状(えんすいじょう)

葉は手のひら状に開く複葉(ふくよう)

日本固有種です。花の中から出る長い糸状に伸びた付属体を、昔話の浦島太郎が持つ釣り竿の糸に見立てて名付けられました。

●サトイモ科

セキショウ
[Acorus graminensis]

春

横に長く這う地下茎をもつ野草で、水辺で見かけるほか、日本庭園の重要な下草(大きい植物の株元に植える草花)にもなっている。細長い扁平な葉が扇形につく。葉は常緑で光沢があり、葉の中央には太い脈はない。多肉質の円柱形の花序に淡黄色の花が咲くが、地味で目立たない。

花序は長さ8〜10cm▶

分　類：多年草
花　期：3〜5月
草　丈：20〜50cm
分　布：本州〜九州
漢字名：石菖

根茎から丈夫な根が出る

斑入り葉種'オウゴン'

ショウブ (p.139) に似ているが、葉の長さは半分以下

花期
1
2
3
4
5
6
7
8
9
10
11
12

🍀 1年を通じて葉が美しく、自然の落ち着きと安らぎを得られることから、観賞用として栽培もされています。特に斑入り葉種が人気です。

41

スズメノカタビラ

[Poa annua]

●イネ科

空き地や道端、人家の周囲などいたるところで見かける。繁殖力が強く、畑やゴルフ場などでは代表的な害草で、嫌われている。鮮緑色で軟らかな線形の葉をつけ、茎の先に小さな円錐形の花穂を出し、小穂に淡緑色の目立たない小さな花をつける。

◀糸状の枝の先に小穂がつく

分　類：1～越年草
花　期：3～11月
草　丈：5～10cm
分　布：日本全土
漢字名：雀の帷子

主に春に開花するが、真冬でも花穂を見かけることがある

葉は株元に密生する

株元で枝分かれする

🍀 名の由来は不明です。小形なので「雀」がついたのでしょうか。ちなみに帷子はふつう裏がついていない薄物の着物を指します。

●イネ科 スズメノテッポウ
[Alopecurus aequalis]

春

全体が軟らかく、茎や葉は緑白色。水田や畑、草地でよく見かける。淡緑色の円柱状の穂をつけ、雄しべの先の葯ははじめはクリーム色で、花粉を飛ばすとオレンジ色に変わる。よく似たセトガヤは穂が太くて長く、葯が白色なので区別できる。

花穂は3～8cm▶

分　類：1～越年草
花　期：3～6月
草　丈：20～40cm
分　布：北海道～九州
漢字名：スズメノマクラ

花茎がよく見える

葯が白いセトガヤ

昔から親しまれてきた水田の雑草で、群生する

花期
1
2
3
4
5
6
7
8
9
10
11
12

名は、細い円柱形の花穂を、スズメが使う鉄砲に見立てたものです。穂を抜き取り、筒状の葉鞘を吹くとピーピーと鳴る草笛ができます。

ニホンズイセン

[Narcissus tazetta var. chinensis]

●ヒガンバナ科

地中海沿岸原産で中国より渡来したといわれている。地中にある鱗茎(りんけい)から、やや白みがかった平たい葉を4～6枚出す。フサザキスイセンの変種で、1本の花茎(かけい)に5～8輪の芳香のある花を横向きに咲かせる。白い花の中心に黄色い副花冠(ふくかかん)がある。

◀6枚の花びらが平らに開く

分　類：多年草
花　期：12～3月
草　丈：20～50cm
分　布：関東南部以西～沖縄
漢字名：日本水仙
別　名：セッチュウカ

葉は帯状で質が厚い

寒い季節に香りのよい花を咲かせる姿は気品がある

花は房状につく

🍀 日本での分布地は暖流が流れる温暖な海岸部が多く、静岡県の爪木崎(つめきさき)、福井県の越前海岸、兵庫県の淡路島などで群生が見られます。

●ユリ科

アマナ
[Amana edulis]

春

チューリップの仲間。春早く、地下にある鱗茎から広線形で緑白色の葉を2枚広げ、その間から細くて軟らかな花茎を伸ばす。花茎には2枚の苞葉がつき、ふつうその先に花を1つ上向きにつける。花は日が当たると開き、雨や曇りの日は閉じている。

6枚の花びらに暗紫色の線が入る▶

分　類：多年草
花　期：3〜4月
草　丈：15〜20cm
分　布：本州（福島県以南）〜九州
漢字名：甘菜
別　名：ムギグワイ

線形の葉は両面無毛

2枚の葉の間から蕾を出す

日当たりが良く、やや湿った草地や田畑の畦などで見かける

花期
1
2
3
4
5
6
7
8
9
10
11
12

鱗茎に甘味があり、食用にされてきたことが名の由来ですが、生育環境の悪化から数が減っていますからそっとしておきましょう。

45

カタクリ
[Erythronium japonicum]

●ユリ科

落葉樹林の下に群生する可憐な姿を見かける。地下の鱗茎から通常2枚の長楕円形の葉を出す。真っ直ぐに伸びた花茎の先端に紅紫色の花が1つ下向きにつく。日差しがなければ終日花は開かない。古名を堅香子といい、『万葉集』にも詠まれている。

◀花弁が反り返ってうつむいて咲く

分　類：多年草
花　期：4〜6月
草　丈：15〜25cm
分　布：北海道〜九州
漢字名：片栗
別　名：カタカゴ、ハツユリ

葉には暗紫色の班紋がある

花期
1
2
3
4
5
6
7
8
9
10
11
12

タネでふえるが、花が咲くまでに7年かかるという

角ばった果実

生育期間が短く、初夏には姿を消してしまうそのはかなさから、ヨーロッパでは「スプリング・エフェメラル（春の短い命）」と呼ばれています。

●トクサ科

スギナ・ツクシ
[Equisetum arvense]

春

シダ植物。スギナとツクシは地下茎でつながっている同じ植物。胞子茎から胞子を放出するツクシは、いわば「花茎と花」に相当し、栄養茎を伸ばすスギナは「葉」の役割をする。地下茎を伸ばして繁茂し、畑地では駆除が困難な強害草である。

ツクシ。頭部に胞子をもっている▶

分　類：多年草
花　期：3～4月
草　丈：30～40cm
分　布：北海道～九州
漢字名：杉菜・土筆
別　名：ツクシンボウ

枝が輪生状に出る

食用にもされるツクシ

スギナは栄養茎で、ふつうツクシより後から出る

花期
1
2
3
4
5
6
7
8
9
10
11
12

🍀 スギナの節から伸びて葉のように見えるのは、本当は枝です。この小さな枝が輪生する姿を杉に見立てて名付けられました。

47

ウラジロチチコグサ

[Gnaphalium spicatum Lam]

●キク科

ロゼット状に広がった根生葉(こんせいよう)の中から花茎(かけい)を直立、あるいは斜めに立ち上げる。濃緑色の葉は幅の広いへら形で、表面は光沢があり、縁は波打つ。葉裏には綿毛が密生し、ほぼ白色に見える。頭花(とうか)は褐色を帯び、茎の上部の葉腋(ようえき)に集まってつく。

◀頭花は集まって穂のようにつく

分　類：越年草
花　期：5〜8月
草　丈：15〜70cm
分　布：本州〜九州
　　　　（帰化植物）
漢字名：裏白父子草

根生葉。裏面が白い

果実には冠毛がある

南アメリカ原産の帰化植物。地面に張り付くように広がる

昭和40年代後半に渡来したとされ、各地で急速に広がっており、関東地方で最も繁殖している雑草といわれています。

●キク科

コウゾリナ
[Picris hieracioides subsp. japonica]

春

全体に褐色で、茎や葉に赤褐色の剛毛が密生し、触れるとざらつく。根元から出る葉はロゼット状になる。葉は披針形で互生し、葉の基部は茎を抱く。直立する茎は上部でよく分枝し、枝先に黄色い頭花をつけ、初夏から秋まで次々と咲き続ける。

◀舌状花のみをつけた頭花

- 分 類：越年草
- 花 期：5〜10月
- 草 丈：30〜100cm
- 分 布：日本全土
- 漢字名：剃刀菜、顔剃菜、髪剃菜
- 別 名：カミソリナ

果実に冠毛がある

茎や葉に剛毛がある

道端や空き地などでふつうに見かける

花期
1
2
3
4
5
6
7
8
9
10
11
12

🍀 茎や葉に横向きの毛があってざらつき、鬚をそった後のような感触から「顔剃菜」が転じて名付けられました。

49

オニノゲシ
[Sonchus asper]

●キク科

ヨーロッパ原産の帰化植物。道端や空き地などでよく見かける。茎は太くて中空（中がからっぽ）。切ると白い乳液が出る。濃緑色の葉は無毛で光沢があり、ギザギザと切れ込んだ葉の先が鋭い棘状になり触れると痛い。茎や枝の先に黄色い花を数個つける。

◀頭花は舌状花が多数つき、径 2cm

分　類：越年草
花　期：3〜10月
草　丈：50〜120cm
分　布：日本全土（帰化植物）
漢字名：鬼野芥子

果実に冠毛がある

葉縁の棘が鋭く、全体に荒々しい感じがする

葉の基部は丸くなって茎を抱く

明治時代に渡来しました。ノゲシ（p.51）に似ていますが、ノゲシに比べ大形で棘がたくさん生えた葉の形状が荒々しいことが名の由来です。

●キク科

ノゲシ
[Sonchus oleraceus]

春

ヨーロッパ原産の帰化植物。茎は柔らかく中空で、傷をつけると白い乳液が出る。葉は羽状に深く切れ込む。茎の上部に互生する葉の縁には不揃いな鋸歯があり、基部が大きく張り出して茎を抱く。茎や枝の先に数個ずつ黄色の頭花をつける。

暖地では1年中花を見かける▶

分　類：越年草
花　期：3〜10月
草　丈：50〜100cm
分　布：日本全土
漢字名：野芥子、野罌粟
別　名：ハルノノゲシ、ケシアザミ

葉の基部が茎を抱いて突き出る

根生葉はロゼット状

葉はアザミのように切れ込むが、棘はなく、触れても痛くない

花期
1
2
3
4
5
6
7
8
9
10
11
12

🍀 葉が白っぽく、切ると乳液が出るところなどがケシに似て、野に生えているところからこの名がありますが、ケシの仲間ではありません。

51

サワオグルマ

[Senecio pierotii]

●キク科

全体に白い綿毛に覆われ、水田わきなど、主に湿地で見かける。地際から生える根生葉はへら状の披針形で、花が咲いているときも枯れずに残っている。茎葉は細長く基部が茎を抱く。太い茎は中空で直立し、茎の先に黄色い花を多数上向きに開く。

◀花の直径は 3.5 〜 5cm

分　類：多年草
花　期：4 〜 6 月
草　丈：50 〜 80cm
分　布：本州〜沖縄
漢字名：沢小車

茎葉は茎を抱く

休耕田などに群生していることもある

葉は肉厚の披針形

花を小さな車輪に見立てたオグルマ (p.146) とは属が異なりますが、一見、草姿がこのオグルマに似ていて、沢に生えるのが名の由来です。

●キク科

センボンヤリ
[Leibnitzia anandria]

春

春と秋にそれぞれ姿の異なる花を咲かせる。春は10cmほどの短い花茎の先に白い花を開く。花の裏が赤紫色を帯びるのでムラサキタンポポの別名がある。秋は30cm以上花茎を伸ばして、総苞に包まれたまま花を開かず実を結ぶ閉鎖花をつける。

開花すると白い春の花▶

分　類：多年草
花　期：4〜6月、9〜10月
草　丈：10〜60cm
分　布：北海道〜九州
漢字名：千本槍
別　名：ムラサキタンポポ

果実の冠毛は淡褐色

秋の花

春の花は裏側が紫色を帯び、閉じたときや蕾はピンク色

花期
1
2
3
4
5
6
7
8
9
10
11
12

🍀 夏から秋につける閉鎖花は筒状花だけが集まったもので、この頭花が多数林立する様子を千本の槍に見立てて名付けられました。

オオジシバリ

[Ixeris debilis]

● キク科

赤みを帯びた細長い茎が地表を這い広がる。近縁種のジシバリ（p.55）と比較するとやや大形。葉の形はへら状楕円形で地を這う茎から起き上がる性質がある。枝分かれした花茎の先端に黄色い舌状花からなる頭花をつける。花茎に葉が1枚つく。

◀ 花は少し大きめで直径3㎝

分　類：多年草
花　期：4〜7月
草　丈：10〜30㎝
分　布：日本全土
漢字名：大地縛り
別　名：ツルニガナ

葉は立ち上がっている

少し湿った道端や田の畦などでふつうに見かける

花茎に葉がつく

ジシバリ（p.55）もオオジシバリも葉をちぎると苦い乳液が出ます。どちらの花も同じようなので、葉を見て見分けるとよいでしょう。

●キク科

ジシバリ
[Ixeris stolonifera]

春

四方に這う茎の節々から根を出して広がっていく。葉は質が薄く黄緑色の卵円形で、長い柄をもつ。葉の間から伸びた花茎の上部が枝分かれして、その先端に黄色の頭花をつける。花茎に葉がつかないのがオオジシバリ（p.54）との区別点でもある。

頭花は舌状花のみで、直径約2cm ▶

分　類：多年草
花　期：4〜7月
草　丈：10cm
分　布：日本全土
漢字名：地縛り
別　名：イワニガナ、ハイジシバリ

葉は卵円形で柄がある

ランナーを伸ばして広がる

10cmにもなる長い柄を立てて、頭花を次々と開く

花期
1
2
3
4
5
6
7
8
9
10
11
12

細い茎が根を出して地面を縛るように広がる様子が名の由来。ニガナ（p.128）の仲間で、山地の岩場にも生えるので、イワニガナともいいます。

タンポポ

[Taraxacum]

●キク科

「タンポポ」には、分布する地域などにより多数の種類がある。「タンポポ」は総称にすぎない。市街地など、都市近辺でよく見られるのは、外来種のセイヨウタンポポ。ほかに、在来種のカントウタンポポなどがあるが、花の付け根にある総苞片の形で見分ける。

◀在来種より多くの舌状花がある

分　類：多年草
花　期：2〜5月
草　丈：10〜20cm
分　布：日本全土
漢字名：蒲公英
別　名：ツヅミグサ、チチグサ、ダンディライオン

セイヨウタンポポは都市環境に強く、ほぼ周年花をつける

総苞が反り返るセイヨウタンポポ

霜が降りても花を見かける

タンポポの名の由来は、頭花を鼓に見立てて、鼓を打つときのタン・ポンポンという音から連想したという説が有力です。

セイヨウタンポポ。ヨーロッパ原産の帰化植物。蕾のときから総苞の外片が反り返り、授粉しなくても結実するなどが特徴

カントウタンポポ。関東地方〜中部地方東部に分布する日本産タンポポの代表的な1種。総苞の外片は反り返らない

カンサイタンポポ。近畿地方以西〜沖縄に分布。花茎が細く、頭花も小さいので全体にほっそりしてやさしい感じがする

シロバナタンポポ。西日本で多く見られる花が白いタンポポ。ただし、雄しべが黄色いので、中心部は黄色に見える

コラム

タンポポの花茎（かけい）は一度倒れて再度起き上がる

冬は根生葉（こんせいよう）を広げている

1枚の舌状花

タンポポには外来種と在来種がありますが、どこでもよく見かけるのはセイヨウタンポポです。切れ込んだ葉をロゼット状に広げ、立ち上げた花茎（かけい）の先端に1つ花をつけます。花はすべて舌状花（ぜつじょうか）のみで、日中開いて夕方には閉じます。日中でも日照量が少ないと閉じたままです。

花が終わると、花茎はいったん倒れますが、風をとらえて実を飛ばすために、実が熟す頃には再び起き上がって花茎が伸びます。タネを飛ばし終えると花茎は倒れて、葉が枯れて白くなります。

花茎が伸びて綿毛をつける

風に飛ぶ種子

発芽

●キク科

ハハコグサ
[Gnaphalium affine]

春

春の七草のひとつで、道端や畑、家の周りなどでよく見かける。全体に軟らかい白い綿毛に覆われ、白っぽく見える。下部で分枝した茎が伸び、枝先に小さな花が密集してつく。黄色い花びらのように見えるのは、花の付け根にある総苞片（そうほうへん）の色である。

◀頭花（とうか）は丸い鐘形（しょうけい）で集まってつく

分　類：越年草
花　期：4～10月
草　丈：15～40cm
分　布：日本全土
漢字名：母子草
別　名：ホウコグサ、ゴギョウ、オギョウ

葉はへら形で互生（ごせい）する

ロゼット状で越冬する

昔は若苗（わかなえ）を食用にした。花は秋の頃も見かけることがある

花期
1
2
3
4
5
6
7
8
9
10
11
12

古くはホオコグサと呼ばれ、綿毛がほおけ立つ（穂穂ける＋毛羽立つ）様子からホオケル→ハハケル→ハハコグサになったという説があります。

ハルジオン

[Erigeron philadelphicus]

● キク科

北アメリカ原産の帰化植物で、名は春に咲くシオンの意味。蕾の頃は花序ごとおじぎをするように垂れるが、開くと上向きになる。葉が茎を抱くようにつき、茎を切ると中が中空であるところが、中が白く詰まっているヒメジョオン（p.148）との区別点。

◀糸状の舌状花が多数ある花

分　類：越年草
花　期：3〜6月
草　丈：50〜80cm
分　布：日本全土（帰化植物）
漢字名：春紫苑
別　名：ハルジョオン、ビンボウグサ

根生葉は開花時も枯れない

群生し、下に垂れていた蕾が上を向いて咲く

茎葉は茎を抱き、茎は中空

ピンクや白の花が美しく、観賞植物として輸入したものが野に逃げ出して広がり、現在では外来生物法で要注意種になっています。

●キク科

ブタナ
[Hypochaeris radicata]

春

ヨーロッパ原産の帰化植物。葉はすべて根生葉のみで、不揃いに羽状に裂け、両面に剛毛が密生する。タンポポに似た黄色い花を咲かせるが、タンポポと違い、50cm以上になる花茎が上部でわずかに枝分かれして、その先にそれぞれ花をつける。

花は舌状花のみで、直径3～4cm ▶

分　類：多年草
花　期：4～10月
草　丈：30～60cm
分　布：日本全土（帰化植物）
漢字名：豚菜
別　名：タンポポモドキ

根生葉はロゼット状

花茎に葉はつかない

草丈が高く、1つの茎にいくつもの花がつく

花期
1
2
3
4
5
6
7
8
9
10
11
12

昭和のはじめに北海道で発見されて以来、戦後になって各地に広がっています。名の由来はフランスの俗名「ブタのサラダ」の直訳から。

61

フランスギク
[Chrysanthemum leucanthemum]

春

●キク科

ヨーロッパ原産で、江戸時代の末期に渡来し、花壇などで栽培されていたものが逃げ出し、各地で野生化し、道端や道路の法面（のりめん）などで見かける。茎の先に1つ咲く白い花はマーガレットに似た花で、晩春に花をつけるが、寒冷地では6〜7月が開花期。

◀ 花径（かけい）5cmほど、茎の先に1つ開く

分　類：多年草
花　期：4〜5月
草　丈：50〜60cm
分　布：各地（帰化植物）
漢字名：仏蘭西菊

茎葉（けいよう）は柄がなく茎を抱く

花期
1
2
3
4
5
6
7
8
9
10
11
12

丈夫で繁殖力が強く、群生（ぐんせい）するとひときわ目立つ

シャスタ・デージー '銀河'

アメリカでつくられた園芸種のシャスタ・デージーの親になっています。マーガレットと混同されることがありますが、別種です。

●キク科

ペラペラヨメナ
[Erigeron karvinskianus]

春

中央アメリカ原産。明治の末頃に観賞用に渡来し、現在では各地に野生化している。石垣の隙間などで見かける。よく分枝して横に広がり、初夏から秋まで次々と花を開く。舌状花は白色だが、だんだんと赤みを帯びて赤と白の花が混じって咲く。

◀石垣などに張り付いて咲く

分　類：多年草
花　期：5〜9月
草　丈：20〜40cm
分　布：各地（帰化植物）
漢字名：ぺらぺら嫁菜
別　名：エリゲロン、ゲンペイコギク

葉は楕円状披針形

白い花が次第に赤くなる

ヒメジョオンやハルジオンの仲間で、花が似ている

花期
1
2
3
4
5
6
7
8
9
10
11
12

　渡来した頃はチョウセンヨメナと呼ばれていました。コギクのような赤と白い花が混じって咲く様子から「源平小菊」ともいいます。

ヤグルマギク

[Centaurea cyanus]

●キク科

エジプトでは古代から栽培され、ツタンカーメン王の棺の中から発見されたことでも有名。小麦畑に雑草のように生えるので英名はコーンフラワー（ムギの花の意）。花壇などで栽培されているが、こぼれたタネからも発芽し、人家近くの畑や草原などでも見かける。

◀鯉のぼりの矢車に似た一重咲き

分　類：1年草
花　期：4～6月
草　丈：30～90cm
分　布：各地（帰化植物）
漢字名：矢車菊
別　名：コーンフラワー

ピンク花の八重咲き種

花期
1
2
3
4
5
6
7
8
9
10
11
12

全体が白い綿毛に覆われ、茎の先に1つ花をつける

一重咲きの混植

ヤグルマソウともいいますが、ユキノシタ科の同名の植物と混同しないように、ヤグルマギクと呼ぶようになりました。

●ゴマノハグサ科 **マツバウンラン**
[Linaria Canadensis]

春

1941年に京都市の向島で発見された北アメリカ原産の帰化植物。近年、公園の芝地や道端などに群生しているのをよく見かける。根元から細い茎を立ち上げ、茎の先に青紫の小さな唇形花をつけた華奢な草姿が特徴。花は下から上に順に咲いていく。

◀唇形の花は横向きに穂状につく

分 類：越年草または1年草
花 期：4〜6月
草 丈：20〜60cm
分 布：本州〜九州
　　　（帰化植物）
漢字名：松葉海蘭

芽生えた頃の株

花は下から上に咲く

細い茎に、線形の松葉のような葉が互生する

花期
1
2
3
4
5
6
7
8
9
10
11
12

🍀 海岸の砂地に生えるウンランの仲間で、葉が松葉のように細いことが名の由来です。

65

ムシクサ
[Veronica peregrine]

●ゴマノハグサ科　○

湿ったところを好み、水はけの悪い庭の隅や道端、田の畔などで見かける。茎は基部から分枝して斜めに立ちあがり、広線形の葉の腋に淡紅色を帯びた白い小さな花を1つずつ開く。花後にできる果実は球形で、先端がやや凹んでハート形になる。

◀花は小さく直径2mmほど

分　類：1年草
花　期：4〜5月
草　丈：10〜20cm
分　布：本州〜沖縄
漢字名：虫草

花期
1
2
3
4
5
6
7
8
9
10
11
12

全体に無毛で、滑らかな感じの小さな雑草

葉は下部では対生する

ハート形の果実

甲虫のゾウムシの仲間の幼虫が果実に寄生し、膨らんでボールのような虫こぶになることが、名の由来です。

●シソ科

オドリコソウ

[Lamium album var. barbatum]

春

四角い茎が立ち上がり、上部の葉の腋（わき）に白やピンクの唇形花が茎をぐるりと取り囲んでつく。輪になって咲いている薄化粧をしたような花の姿を、笠をかぶって踊る踊り子に見立てたのが名の由来。卵形（らんけい）で先が尖った葉は網目状の葉脈（ようみゃく）がよく目立つ。

花は長さ2.5〜3cmで、密につく▶

分　類：多年草
花　期：4〜6月
草　丈：30〜50cm
分　布：北海道〜九州
漢字名：踊り子草
別　名：スイバナ

葉は対生（たいせい）する

萼（がく）の裂片（れっぺん）が尖る

地下茎（ちかけい）でふえるので、草地などに群生（ぐんせい）している

花期
1
2
3
4
5
6
7
8
9
10
11
12

🍀 花のもとの方にわずかな蜜があり、子どもたちが吸って遊んだことから、スイバナやスイスイグサと呼ばれることもあります。

カキドオシ

[Glechoma hederacea var. grandis]

●シソ科

茎が伸び出すと葉の腋(わき)に1〜3輪の唇形花を開く。茎ははじめ直立し、花が終わると倒れて蔓のように地面を這い、ところどころから根を出して1m以上も伸びる。長い柄のある円形の葉を揉(も)むと特有の香りがあり、乾燥させて野草茶にする。

◀唇形花で、下唇に濃紫色の斑点(はん)がある

分 類	多年草
花 期	4〜5月
草 丈	5〜20cm
分 布	北海道〜九州
漢字名	垣通し
別 名	カントリソウ、レンセンソウ

花期
1
2
3
4
5
6
7
8
9
10
11
12

立ち上がった茎は、花後に倒れて地表を這う

葉は腎円形(じんえんけい)で対生(たいせい)する

葉が連なってつく

蔓状(つるじょう)の茎が垣根を通り抜けて伸びていくというのが名の由来。円い葉をお金に見立て、茎に連なってつく様子から連銭草(れんせんそう)ともいいます。

●シソ科 **コバノタツナミ**
[Scutellaria indica var. parvifolia]

春

茎の基部が地面を長く這い、上部が斜上して淡紫色の唇弁花を2列に並んでつける。小形の葉に短毛が密生しているため、ふわふわした感じがするところから、ビロードタツナミの別名がある。花姿が美しく、育てやすい山野草としても人気がある。

花は上部にかたまって咲く▶

分　類：多年草
花　期：5〜6月
草　丈：5〜20cm
分　布：本州（関東以西）〜九州
漢字名：小葉の立浪
別　名：ビロードタツナミ

葉は長さ幅ともに1cm

タツナミソウ

丘陵地や海岸近くに群生することが多い

花期
1
2
3
4
5
6
7
8
9
10
11
12

🍀 花がそろって一方向を向いて咲いている様子を、打ち寄せる波頭に見立てて名付けられた立浪草より葉が小さいことが名の由来です。

ワスレナグサ

[Myosotis sylvatica]

●ムラサキ科

ヨーロッパ原産の帰化植物。耐寒性が強く、日当たりの良い水辺で見かける。ランナーを伸ばして広がり、群生する。根際から出る葉はへら形で柄がある。蕾は淡紅色だが、開くと中心が黄色の美しい青い花になる。10cm内外の花序の先はくるりと巻いている。

◀淡青色の花は直径7〜9mm

分　類：多年草
花　期：5〜10月
草　丈：20〜50cm
分　布：北海道,本州中部以北,四国（帰化植物）
漢字名：忘れな草
別　名：シンワスレナグサ

葉の両面に微細な毛がある

水湿地を好んで群生するが、花壇でも栽培される

茎は直立する

観賞用に導入されたものが、1950年から北海道や長野県に野生化し、その後も日本のあちこちでふえているようです。

●サクラソウ科

サクラソウ
[Primula sieboldii]

春

淡紅色のサクラに似た可憐な花を咲かせることが名の由来。全体に白い軟毛があり柔らか。根際に集まった長い柄をもつ葉の中から花茎を立ち上げ、その先に5つに深く裂けた花を放射状に開く。花の中央はほんのり白く、花径は2〜3cm。

花びらの先がサクラのように切れ込む▶

分　類：多年草
花　期：4〜5月
草　丈：15〜30cm
分　布：北海道〜九州
漢字名：桜草
別　名：ニホンサクラソウ

葉は軟らかでしわが多い

まれに白花もある

湿り気のある場所を好み、密集して咲くと見事。栽培もされる

花期
1
2
3
4
5
6
7
8
9
10
11
12

日本固有の草花ですが、自生地では乱獲や開発などから減少し、現在、野生種は絶滅危惧種になっています。

71

オヤブジラミ

[Torilis scabra(Thunb.)DC.]

●セリ科

やぶの周りや草地、道端などで見かける。直立する茎は葉とともに紫色を帯びている。白色に淡紅色が混じった花が分枝した枝先に傘状に多数開く。よく似たヤブジラミ(p.73)が夏まで花が咲き続けるのに対し、オヤブジラミは春から初夏で咲き終わる。

◀花弁の縁が赤く色づく

分 類：越年草
花 期：4〜6月
草 丈：30〜80cm
分 布：日本全土
漢字名：雄藪虱

葉は紫色を帯びる

直立する茎は細かく切れ込んだ葉をつけて群生する

柄が長く果実はまばらにつく

仲間のヤブジラミ(p.73)より果実が大きく、棘も長く、粗野な感じがするところから「雄」を冠して名付けられました。

●セリ科

ヤブジラミ
[Torilis japonica(Houtt.)DC.]

春

全体に棘状の毛が生えている。茎は緑色で、上部で分枝し、枝の先に多数の小さな花が咲く。葉は羽状に細かく裂けて互生し、葉柄の基部は茎を抱く。果実は褐色の卵形で棘が密生し、柄が短いため4～10個がかたまってついているように見える。

5弁の小さな花が密につく▶

分　類：越年草
花　期：5～7月
草　丈：30～100cm
分　布：日本全土
漢字名：薮虱

果実がかたまってつく

細かく裂ける葉も短毛がある 　　全体に緑色で、小さな白い花が夏まで咲き続ける

花期
1
2
3
4
5
6
7
8
9
10
11
12

藪に生え、上向きの曲がった棘が生えた小さな果実が、まるで虱のように衣服につき、わずらわしいことが名の由来です。

ツルニチニチソウ
[Vinca major]

●キク科

南ヨーロッパから北アフリカ原産。明治初期に渡来したものが、旺盛に育つので各地に野生化している。株元からたくさんの茎を出し、地を這うように広がった後に、花をつける短い茎が立ち上がり、葉の腋に薄紫色の美しい花を次々と咲かせる。

◀花は先端が5裂して星形に開く

分　類：蔓性常緑低木
花　期：4～7月
草　丈：1～3m
分　布：ほぼ日本全土（帰化植物）
漢字名：蔓日々草
別　名：ビンカ、ツルギキョウ

葉に斑が入るものもある

人家近くの道端や草地などに野生化している

ヒメツルニチニチソウ

全体が小形で耐寒性の強い近縁種、ヒメツルニチニチソウも帰化して、同様に日本各地の道端などに野生化しています。

●スミレ科 **ビオラ・ソロリア**
[Viola sororia]

春

北アメリカ原産で、栽培していたものが逃げ出し、一部で野生している。茎を伸ばさないスミレの仲間で、地下茎(ちかけい)がワサビ状に肥大し、腎臓形(じんぞうけい)の大きな葉が特徴。最もよく見かけるのは青紫色(せいししょく)の花を咲かせる'パピリオナケア'。ほかに白花もある。

'パピリオナケア' ▶

分 類：多年草
花 期：3〜5月
草 丈：10〜20cm
分 布：都市周辺(帰化植物)
漢字名：アメリカスミレサイシン

白花の'スノープリンセス'

斑点(はん)が入った'フレックス'

繁殖力が旺盛で、庭から逸脱して道端や家の周りなどで見かける

花期
1
2
3
4
5
6
7
8
9
10
11
12

北アメリカ原産で、日本海側に分布するスミレサイシン同様に太い地下茎があるところから、アメリカスミレサイシンの別名があります。

75

スミレ
[Viola]

●スミレ科

日本には50数種のスミレの仲間が自生していて、早春から夏までどこに行っても出会うほどの、世界有数のスミレ王国である。花色、草丈など多種多様だが、いずれもほぼ左右対称の花の後ろに突き出ている距があるので、一見してそれとわかる。

◀花は濃紫色で、大きさは2cm前後

分　類：多年草
花　期：3〜5月
草　丈：5〜10cm
分　布：日本全土
漢字名：菫
別　名：スモウトリバナ

葉柄にひれがある

単にスミレといえばこの種を指し、道端などで見かける

白花のスミレ

> スミレの仲間には、葉や花茎が株元から出て茎がないように見える無茎種と、細い茎を立ち上げる有茎種があります。

ノジスミレ。全体に白い短毛が多い、無茎種タイプ。葉は裏面が紫色を帯びた三角状長楕円形で斜めに寝る。花はふつう淡紫色

アリアケスミレ。湿り気のある道端や石垣などで見かける無茎種タイプ。葉は長楕円形で光沢がある。花色は白〜紫に近いものまである

タチツボスミレ。茎が長く伸びる有茎種タイプで、スミレの仲間の中では最もふつうに見かける。花は白〜淡紫色で、細い距が突き出る

ツボスミレ。別名はニョイスミレ。茎が根元から分枝する有茎種タイプで、小さな白い花を咲かせる。唇弁に紫色のすじが目立つ

コラム

食べたり、遊んだり
可憐なスミレは野の花の代表

横から見た花

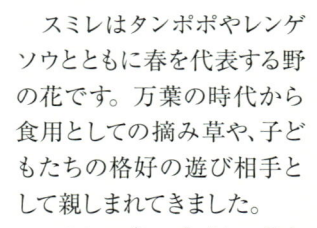

大工道具の墨入れ

　スミレはタンポポやレンゲソウとともに春を代表する野の花です。万葉の時代から食用としての摘み草や、子どもたちの格好の遊び相手として親しまれてきました。

　スミレの名の由来に、花を横から見た姿が、大工が使う墨壺(すみつぼ)に似ているところから「墨入れ(すみいれ)」が詰まってスミレになったという説があります。また、子どもたちが花と花を引っ掛けて遊んだことから、スモウトリバナ、スモウトリクサなどとも呼ばれています。

スミレの白和え

春の新芽や若葉を摘む

スミレのすもう

●トウダイグサ科

トウダイグサ
[Euphorbia helioscopia]

春

茎や葉を切ると白い乳液が出て、触れるとかぶれる有毒植物。円柱状の茎は根元で分かれて直立し、へら状の葉が互生（ごせい）する。茎の先端に大きめの葉が5枚輪生（りんせい）し、そこからふつう5本の枝を放射状に出し、その先に小さな黄緑色の花をつける。

花序（かじょ）は3枚の苞葉（ほうよう）に包まれる▶

分　類：越年草
花　期：4〜6月
草　丈：20〜30cm
分　布：本州〜沖縄
漢字名：燈台草
別　名：スズフリバナ

下部の葉は互生する

最上部の葉は輪生する

茎は群がって立ち上がり、道端や土手などで見かける

花期
1
2
3
4
5
6
7
8
9
10
11
12

名のいわれは、草の姿が、昔の灯火の台（明かりをともすために油を入れた皿を置く台）に似ていることから。海の灯台からではありません。

フッキソウ
[Pachysandra terminalis]

●ツゲ科

草本（草のこと）のように見えるが、低木である。軟らかな茎の下部は地面を這い、先端が立ち上がって穂状に花を咲かせる。花穂の上部に雄花、下部に雌花をつけるが、どちらにも花弁がない。やや厚みのある濃緑色の葉が、数枚輪生状に集まってつく。

◀多数の雄花と少数の雌花をつける

分　類：常緑小低木
花　期：4～5月
草　丈：20～30cm
分　布：北海道～九州
漢字名：富貴草
別　名：キッショウソウ

葉は常緑で卵状長楕円形

庭や神社、寺院などにもよく植えられている

斑入り葉種

冬でも枯れずに葉が茂る様子を繁栄にたとえて、おめでたい意味で「富貴」の字を当てています。吉祥草や吉事草とも呼ばれています。

ハマエンドウ
[Lathyrus japonicus]

●マメ科

春

全体に粉をふいたような緑白色をしている。茎は地上を這って、長さ1mくらいになり、上のほうは斜めに立ち上がる。葉腋に房状に数個の蝶形花を開く。外側の花弁は咲き始めは赤紫色だが、のちに青紫色に変わる。まれに白花も見かける。

▶旗弁は赤紫色から青紫色

分　類：多年草
花　期：4〜7月
草　丈：100〜200cm
分　布：北海道〜九州
漢字名：浜豌豆

葉は偶数羽状複葉

白花もある

春〜初夏の海岸を彩るほか、河川敷でも見かける

花期
1
2
3
4
5
6
7
8
9
10
11
12

海浜などの砂地に生え、野菜のエンドウによく似た花や豆果をつけるので、この名があります。ごく若い豆果は莢ごと食べられます。

セイヨウミヤコグサ

[Lotus corniculatus var. corniculatus]

●マメ科

ヨーロッパ原産の帰化植物で、茎や葉に毛がある。茎はややねるかまたは斜めに立ち上がり、長い花柄に3〜7個の蝶形花が集まってつく。葉は小葉が3枚つく複葉だが、葉柄の基部に小葉と同じ大きさの托葉が一対あるので5枚あるように見える。

◀蝶形花は長さ1〜1.6cm

分　類：多年草
花　期：4〜7月
草　丈：15〜35cm
分　布：北海道〜九州
　　　　（帰化植物）
漢字名：西洋都草

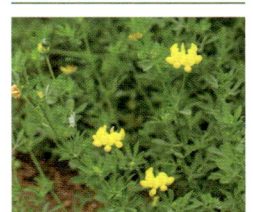

花は枝先に集まって咲く

道端や道路の法面、草地、荒地などでよく見かける

卵形の小葉が3枚つく複葉

牧草用などに持ち込まれたものが、1970年の初めに北海道や長野県で見つかり、現在ではほぼ全国に帰化しています。

●マメ科

ミヤコグサ
[Lotus corniculatus var.japonicus]

春

茎や葉に毛がなく、細い茎が地面を這って広がる。葉腋から伸ばした花柄の先に1〜3個の蝶形花をつけ、春から秋まで咲き続ける。葉は小葉が3枚つく複葉。ミヤコグサによく似ていて、鮮黄色の花の色が黄から赤に変わるものをニシキミヤコグサと呼んでいる。

◀花は少数つく

分　類：多年草
花　期：4〜10月
草　丈：15〜35cm
分　布：日本全土
漢字名：都草

豆果は線形で熟すと裂ける

ニシキミヤコグサ

草丈が低く、日当たりの良い道端や草地などに広がっている

花期
1
2
3
4
5
6
7
8
9
10
11
12

ミヤコグサは在来種で、昔、都（京都）に多くあったことが名の由来といわれています。セイヨウミヤコグサよりやさしい感じです。

レンゲソウ

[Astragalus sinicus]

●マメ科

中国原産の帰化植物。緑肥として水田で栽培されるほか、野原や道端などにも野生化している。茎の下部が地面を這って広がり、9〜11枚の小葉からなる羽状複葉が互生する。葉腋から出る長い花柄の先に蝶形花が数個、放射状に並んで咲く。

◀ 10個ほどの蝶形花が輪状にならぶ

分　類：越年草
花　期：4〜6月
草　丈：10〜30cm
分　布：日本全土（帰化植物）
漢字名：蓮華草
別　名：ゲンゲ、レンゲ

葉は奇数羽状複葉

蜜源植物としても重要なレンゲ畑は春の風物詩

豆果は先が尖ったくちばし状

和名はゲンゲですが、花茎の先に蝶形の花を輪状に咲かせるさまをハスの花に見立てて蓮華草と呼んでいます。

メキシコマンネングサ

●ベンケイソウ科

[Sedum mexicanum Britton]

春

全体に無毛で多肉質の帰化植物。折れた枝からも発根して新たな株を作ってふえるので、グラウンドカバーに利用されるが、道端や空き地などに野生化もしている。直立する茎に緑の葉が3〜5枚輪生(りんせい)し、茎の先に黄色の花が多数傘形に咲く。

5枚の花弁を星形に開く▶

分　類：多年草
花　期：4〜5月
草　丈：10〜25cm
分　布：本州（関東以西）〜九州（帰化植物）
漢字名：メキシコ万年草
別　名：アメリカマンネングサ、クルマバマンネングサ

円柱状線形(せんけい)の葉が輪生する

花をつけた枝は葉が互生(ごせい)する

乾燥にも耐えるので屋上緑化などにも利用される

花期
1
2
3
4
5
6
7
8
9
10
11
12

園芸植物として導入されたようです。メキシコの名がついていますが、メキシコやアメリカには自生せず、原産地は不明です。

キジムシロ

[Potentilla fragarioides var.major]

●バラ科

全体に座布団を敷いたように地面に円く広がるのが特徴。茎にも葉にも長い毛がある。根生葉は小葉が5〜7枚ついた羽状複葉で、放射状に広がり、花が終わると葉が大きく成長する。葉の間から四方に花茎を出し、光沢のある黄色い5弁花を開く。

◀ 5枚ある花弁の先が少し凹む

分 類：多年草
花 期：3〜8月
草 丈：5〜30cm
分 布：日本全土
漢字名：雉蓆

羽状複葉で先端の小葉が大きい

広げた葉の周りで花が咲く。匍匐茎は出さない

地面に円く広がる

放射状に広げた葉の周りを花が取り巻くのが特徴です。その草姿を野鳥のキジが座る筵に見立てて名付けられました。

ミツバツチグリ

●バラ科
[Potentilla frayniana Bornm.]

春

太くて短い根茎から根生葉、花茎、匍匐茎が出る。葉は3枚の小葉からなり、長い柄の先につく。花は花茎の先に10数個まとまってつき、花が終わると、地面を這う短い匍匐茎を出し、その先に小株をつくって繁茂する。キジムシロ(p.86)は同じ仲間。

花は花茎の先に集まって咲く▶

分　類：多年草
花　期：4〜5月
草　丈：15〜30cm
分　布：北海道〜九州
漢字名：三葉土栗

葉は3枚の小葉からなる

ランナーを出してふえる

田や畑の畦、道端、明るい林、ススキの下などで見かける

花期
1
2
3
4
5
6
7
8
9
10
11
12

🍀 根を食用にする仲間のツチグリに似て、小葉が3枚なのでこの名がありますが、こちらの根は筋っぽく硬くて食べられません。

ヘビイチゴ

[Duchesnea chrysantha]

●バラ科

茎は枝分かれして地上を這い、節から根を出して新しい株をつくってふえる。葉は3枚の小葉からなり互生する。葉腋から出た長い柄の先に黄色の花を1つ開き、初夏に1cmほどの丸い実が赤く熟す。実に毒はないが、食べてもおいしくない。

◀花弁の間に先が尖った萼片が見える

分　類：多年草
花　期：4〜6月
草　丈：5〜20cm
分　布：日本全土
漢字名：蛇苺
別　名：ドクイチゴ、クチナワイチゴ

葉は黄緑色の3小葉

赤い実はほぼ球形

人家の周りや道端、田の畔などに群生している

🍀 ヘビが出そうなところに生える、あるいは果実が食用にならずにヘビが食べると考えられて、名付けられました。

●バラ科

ヤブヘビイチゴ
[Duchesnea indica(Andr.)Focke]

春

葉は長い葉柄の先に濃緑色の3枚の小葉がつく。小葉は先がやや尖った卵形で、仲間のヘビイチゴ（p.88）より大きくがっちりしている。萼の下にある副萼片は萼より大きく、花を襟巻きのように取り囲む。花後に光沢のあるイチゴ型の赤くて丸い実をつける。

花は直径2cmと大きい▶

分　類：多年草
花　期：4〜6月
草　丈：5〜20cm
分　布：本州（関東以西）〜九州
漢字名：藪蛇苺

小葉の先が尖る

実は直径2cm

ランナーが地上を這って群生するが、花の数は少ない

花期
1
2
3
4
5
6
7
8
9
10
11
12

ヘビイチゴの仲間で、よく似ていますが全体に大形。名前のとおり藪のようなところに生え、林の縁や半日陰の道端などで見かけます。

春

イヌガラシ
[Rorippa indica(L.)Hiern.]

●アブラナ科

全体に無毛で、茎葉は不揃いの鋸歯がある。ロゼット状に広げた根生葉の中から、よく分枝する茎を伸ばし、枝先に十字花を多数つける。花は下から次々と咲いていく。花後にできる果実は細い円柱形で、やや曲がって斜めに立ち上がる。

◀黄色の4弁花は直径4～5mm

分　類：多年草
花　期：4～11月
草　丈：20～40cm
分　布：日本全土
漢字名：犬芥子
別　名：ノガラシ、アゼガラシ

花期
1
2
3
4
5
6
7
8
9
10
11
12

花期が長く、晩秋の頃でも花を見かける

茎葉は羽状に裂けない

果実は弓形に曲がる

名は、葉に淡い辛味がありカラシナ(p.95)に似ているがあまり役に立たないという意味。役に立たないものに動物の名を冠することがよくあります。

●アブラナ科

スカシタゴボウ
[Rorippa islandica(Oed.)Borl.]

春

羽状に深く裂けた根生葉の中からよく分枝する茎を真っ直ぐ立ち上げ、枝先に4弁花を多数開く。花が小さいので重なって咲いているように見える。果実はずんぐりとした短い円筒状で、線形の果実をつける仲間のイヌガラシ（p.90）と区別がつく。

花は直径 2.5 ～ 3mmの十字花 ▶

分　類：越年草
花　期：4 ～ 10月
草　丈：30 ～ 50cm
分　布：日本全土
漢字名：透し田牛蒡

茎葉の下部の葉も切れ込む

果実は卵円形

田畑の畦や、やや湿った道端、荒地で見かける

花期
1
2
3
4
5
6
7
8
9
10
11
12

🍀 名の「透かし」の意味は不明ですが、「田牛蒡」は田に生えるゴボウの意で、根をゴボウに例えたものです。

オランダガラシ

[Nasturtium officinale R.Br.]

●アブラナ科

ヨーロッパ原産の帰化植物。クレソンの名で知られ、明治時代初期に渡来したものが野生化し、現在では各地の水辺などに広がっている。太い茎の下部の節からひげ根を出し、流水に浮かんで生育し、立ち上がった茎に白い十字花を多数開く。

◀花弁は4枚

分　類：多年草
花　期：4～8月
草　丈：20～50cm
分　布：日本全土（帰化植物）
漢字名：和蘭辛子
別　名：クレソン、ミズガラシ

葉は羽状複葉で、小葉は卵形

無毛で軟らかなで水生植物。水辺を覆って繁茂する

果実は柄の先に曲がってつく

名のオランダは外来種の意味。辛みがあることから、「外国から来たカラシ」が名の由来です。現在は外来生物法の要注意種になっています。

●アブラナ科

グンバイナズナ
[Thlaspi arvense L.]

春

江戸時代に渡来したといわれるヨーロッパ原産の帰化植物。全体に無毛で、粉白色を帯びる。上部でまばらに分枝した枝先に十字花を多数咲かせる。花後に相撲の行司が持つ軍配の形に似た果実をつける。名の由来はこの果実の形によるものである。

▶長楕円形の花弁が4枚つく

分 類：越年草
花 期：4〜6月
草 丈：30〜60cm
分 布：日本全土（帰化植物）
漢字名：軍配薺

果実は先が深く凹んだ軍配形

マメグンバイナズナ

道端や田畑のへり、草地などで見かける雑草のひとつ

花期
1
2
3
4
5
6
7
8
9
10
11
12

よく似ているものに、属が異なる北米原産のマメグンバイナズナがあります。小さい果実をよく見るとこちらも軍配形をしています。

セイヨウアブラナ

●アブラナ科

[Brassica napus L.]

ヨーロッパ原産の帰化植物で、土手や河川敷、空き地などに群生し都心でもよく見かける。葉や茎はうっすらと粉を振ったように白っぽく、上部の葉は柄がなく、基部(きぶ)が広がって茎を抱くのが特徴。花は鮮黄色で4弁の十字花。果実の先端はくちばし状。

◀花の直径1〜2cmと大きい

分　類：1〜越年草
花　期：4〜5月
草　丈：30〜150cm
分　布：日本全土（帰化植物）
漢字名：西洋油菜
別　名：ナノハナ

上部の葉は茎を抱く

一般にナノハナと呼ばれ、一面を黄色に染めるほど群生する

根生葉(こんせいよう)は葉柄(ようへい)がある

堤防や河川敷を黄色く染めるほど群生しているのは、国土交通省が河川管理の一環としてタネをまいたものだといわれています。

●アブラナ科

セイヨウカラシナ
[Brassica juncea Czern.]

春

ユーラシア大陸原産の帰化植物で、セイヨウアブラナと混じって生え、群落をつくっている。セイヨウアブラナ (p.94) によく似ているが、葉が茎を抱かないことや葉をかじるとピリッとした辛味があること、花が小ぶりなことなどから区別がつく。

花は直径1cm程度の十字花▶

分　類：1〜越年草
花　期：4〜5月
草　丈：30〜100cm
分　布：本州以西 (帰化植物)
漢字名：西洋芥子菜
別　名：カラシナ、ナノハナ

葉は茎を抱かない

根生葉は羽状に裂ける

セイヨウアブラナ同様、土手や空き地に群生している

花期
1
2
3
4
5
6
7
8
9
10
11
12

カラシナは野菜として古くから栽培されていますが、栽培品種より全体にやせている外来種が野生化しています。食用に利用できます。

ハマダイコン

[Raphanus sativus var. hortensis f. raphanistroides]

●アブラナ科

全体にダイコンに似ているが、根は長く伸びても太くならず硬くて食用にはならない。羽状に裂けた根生葉の中から、よく分枝する茎を伸ばし、枝先に淡紅色の4弁花を開く。花が終わると数珠状にくびれて、先が細く尖った果実をつける。

◀卵形の花弁には紫色の脈がある

分　類：越年草
花　期：4～6月
草　丈：30～70㎝
分　布：日本全土
漢字名：浜大根

果実は熟しても裂けない

花期
1
2
3
4
5
6
7
8
9
10
11
12

冬を越すと株が大きく育ち、淡紅色の花を多数つける

葉は羽状に深く裂ける

名は、「海岸に生えるダイコン」の意味で、栽培種のダイコンが古い時代に逃げて野生化したものといわれています。

●アブラナ科

ムラサキハナナ
[Orychophragmus violaceus O. E. Schulz]

春

中国原産の帰化植物。名は紫色の花を咲かせるナノハナの意で、ナノハナより大きな4弁花を開く。栽培されていたものが野生化し、春を告げる花として親しまれている。根生葉(こんせいよう)と茎につく下部の葉は羽状(うじょう)に裂け、上部の葉は茎を抱く。果実は細い線形で長さ10cm。

花は直径3cm。花弁が平らに開く▶

分　類：越年草
花　期：3〜5月
草　丈：30〜80cm
分　布：日本全土（帰化植物）
漢字名：紫花菜
別　名：オオアラセイトウ、ショカツサイ、ハナダイコン

根生葉は長い柄をもつ

上部の葉は基部(きぶ)が茎を抱く 　　全体にほとんど無毛。栽培もされるが野生化もしている

花期
1
2
3
4
5
6
7
8
9
10
11
12

江戸時代から栽培されていますが、昭和14年に南京から持ち込まれた種子が広く頒布されてから急激に広まったといわれています。

97

クサノオウ

[Chelidonium majus var. asiaticum]

●ケシ科

薬用にも利用されるがアルカロイドを含む有毒植物。全体に縮れた白い毛があるので粉白色(ふんぱくしょく)を帯び、特に葉裏が白っぽい。軟らかな茎はよく分枝(ぶんし)して直立し、羽状に切れ込んだ葉が互生(ごせい)する。葉の腋(わき)から花柄(かへい)を出し、鮮黄色の直径2cmの4弁花を数個開く。

◀長卵形の花弁が4枚ある

分　類：越年草
花　期：4〜7月
草　丈：30〜80cm
分　布：北海道〜九州
漢字名：草の黄
別　名：イボクサ、タムシグサ、ヒゼングサ

茎を切ると有毒の黄汁が出る

葉は羽状に深く裂ける

初夏の頃、道端などで鮮やかな黄色い花がよく目立つ

♣ 茎や葉を傷つけると黄色い汁を出すので「草の黄」、薬草として優れているので「草の王」など、名の由来はいろいろあります。

●ケシ科 **ジロボウエンゴサク**

[Corydalis decumbens]

春

地下に丸い小さな塊茎があり、1つの塊茎から数本の茎が出るので、全体に細く繊細な感じがする。茎の先に筒状で先端が唇状に開く花をまばらにつける。葉は2〜3回分裂する複葉で、柄のある葉がふつう茎に2枚つく。葉の裂片に切れ込みはない。

花の後ろに距と呼ぶでっぱりがある▶

分　類：多年草
花　期：4〜5月
草　丈：10〜20㎝
分　布：本州（関東地方以西）〜九州
漢字名：次郎坊延胡索

根生葉は長い柄がある

葉の裂片は切れ込まない　　群生するが全体に華奢な感じの草である

花期
1
2
3
4
5
6
7
8
9
10
11
12

名の延胡索はこの仲間の総称。伊勢地方ではスミレを太郎坊、この花を次郎坊と呼び、距を絡ませて引っ張り合って遊んだ草花遊びが名の由来。

ヒナゲシ
[Papaver rhoeas]

●ケシ科

薄紙を揉んで作ったような美しい花を咲かせ、花壇などで栽培されるが、ヤグルマギクとともに「小麦畑の雑草」と呼ばれるように、空き地や道端などに逃げ出しているものを見かけることも多い。八重咲きもあり、園芸品種には白やピンクの花色がある。

◀雄しべは黒紫色を帯びる

分　類：1年草
花　期：4〜6月
草　丈：50〜80cm
分　布：ほぼ各地（帰化植物）
漢字名：雛罌粟
別　名：グビジンソウ、シャーレーポピー

花期
1
2
3
4
5
6
7
8
9
10
11
12

花弁の基部に黒い斑が入り、上を向いて咲く

底白の園芸種

シャーレーポピー

野生のヒナゲシは赤一色で、中国・戦国時代の英雄項羽の愛した虞美人が自決した血から、赤い花が咲いたという伝説があります。

●ケシ科

ムラサキケマン

[Corydalis incisa]

春

全体は柔らかく、粉緑色を帯びる。株元からやや角張った茎を何本も立ち上げ、茎の先に紅紫色(こうししょく)で筒状の唇形花(しんけいか)を多数咲かせる。白花もある。葉は互生(ごせい)し、長い柄をもち、羽状(うじょう)に細かく複雑に裂ける。花後、結実して種子を散らすと、夏には枯れて姿を消す。

唇形花で、花の後方に距(きょ)がある▶

分　類：越年草
花　期：4〜6月
草　丈：30〜50cm
分　布：日本全土
漢字名：紫華鬘
別　名：ヤブケマン

葉は細かく裂ける

果実は緑色のまま熟す

アルカロイドを含む有毒植物。傷をつけると悪臭がする

花期
1
2
3
4
5
6
7
8
9
10
11
12

名は、紫色のケマンソウの意味です。花の形を仏前に飾る装飾具の華鬘(けまん)に見立てたことに由来します。

ウマノアシガタ

[Ranunculus japonicus]

●キンポウゲ科

分枝する茎の先に黄金色の花を上向きに開き、花弁が太陽の光を受けて、キラキラと輝いて金鳳花とも呼ばれる。地際から生える葉は手のひら状に3～5つに深く裂けて長い柄があるが、茎につく葉には柄はない。果実はほぼ球形に集まってつく。

◀花は5弁花で、花弁に光沢がある

分　類：多年草
花　期：4～6月
草　丈：30～70㎝
分　布：日本全土
漢字名：馬の脚形
別　名：キンポウゲ

葉は5角状円心形

有毒植物。日当たりのよい草原や道端などで見かける

花の中心に果実がつき始めている

根生葉の形を馬の蹄に見立てたのが名の由来といわれていますが、本来は「鳥の脚形」ではないかという説があります。

●キンポウゲ科 セリバヒエンソウ
[Delphinium anthriscifolium]

明治時代に中国から渡来した帰化植物。細い茎は毛が生えているが、柔らかい葉は無毛で羽状に深く裂けてセリの葉を思わせる。長い柄の先に淡紫色(たんししょく)の花を数輪咲かせる。外側の花弁に見えるのは萼(がく)で5枚あり、花の後方に細長い筒状の距(きょ)がある。

花は後に突き出た距をもち長さ2cm▶

分　類：1年草
花　期：4〜6月
草　丈：15〜40cm
分　布：主に関東地方
　　　　（帰化植物）
漢字名：芹葉飛燕草

葉身は三角状で深く裂ける

筒状の距に蜜をためる

東京郊外の道端や雑木林などで多く見かける

花期
1
2
3
4
5
6
7
8
9
10
11
12

突起のある花の形をツバメが飛ぶ姿に見立て、葉がセリに似ていることが名の由来です。東京周辺から野生化しているようです。

ニリンソウ
[Anemone flaccida]

●キンポウゲ科

しばしば群生し、やや湿気のある林縁や竹林などで見かける。根際から生える葉は長い柄があり、深く3つに裂け、茎につく葉は柄がなく、3枚の葉が輪生する。輪生した葉の上にふつう2本に枝分かれした花茎が出て、それぞれの先に白い花を1つずつつける。

◀花弁に見えるのは萼片で、ふつう5枚ある

分 類：多年草
花 期：3〜6月
草 丈：10〜25cm
分 布：北海道〜九州
漢字名：二輪草
別 名：フクベラ、ガショウソウ

ふつう、花が2輪咲く

花を咲かせた後、地上部が枯れて姿を消す。毒草でもある

葉は手のひら状に3裂する

花が2つ寄り添って咲く姿から二輪草といいますが、1つや3つ咲かせるものもあります。雨の日には花を閉じています。

●タデ科

ヒメツルソバ
[Persicaria capitata]

春

茎は立ち上がらずに横に蔓状に這い、地面に接する節から発根しながら四方に広がる。小さな楕円形の葉は表面に紫褐色のV字形の模様があり、寒さとともに赤く色づく。茎の先端にピンクの小さな花が集まり、丸くなって霜の降りる頃まで咲く。

金平糖のような球状の小花▶

分　類：多年草
花　期：4〜7月、9〜11月
草　丈：10cm前後
分　布：関東地方以西
　　　　（帰化植物）
漢字名：姫蔓蕎麦
別　名：カンイタドリ

葉は先が尖った卵形

斑入り葉種

街なかの空き地や街路樹の下、道端などで見かける

花期
1
2
3
4
5
6
7
8
9
10
11
12

明治時代中期頃、観賞用に導入されたものが、野生化して、暖地ではほぼ「周年開花（一年中、開花すること）」が見られます。

スイバ
[Rumex acetosa]

●タデ科

根際から生える葉は長い柄があり、長楕円形。地面に広げた葉は早春には紅紫色を帯びるものが多い。茎につく葉は互生し、柄がなく茎を抱く。茎の先端に小さな花が集まった花穂をつける。雌雄異株で雄花は白〜黄緑色。雌花は朱紅色でよく目立つ。

◀雌花。柱頭は赤い房状で花粉を受ける

分　類：多年草
花　期：4〜8月
草　丈：30〜100cm
分　布：北海道〜九州
漢字名：酸葉
別　名：スカンポ

雄花。萼片が6枚で花弁はない

小さな花を穂状につけ、草丈が高いのでよく目立つ

上部の葉は柄がなく茎を抱く

茎や葉をかむと酸っぱいのが名の由来。昔は子どもがよく食べましたが、酸っぱいのはシュウ酸によるものなので多量の生食はよくありません。

●タデ科

ヒメスイバ
[Rumex acetosella]

春

長い根茎は横に這いながら広がり、ときに大群落をつくることがある。根際から出る葉は長い柄があり、基部が左右に張り出す鉾形になる。花茎の先に細長い円錐状の花穂をつける。雌雄異株。スイバ（p.106）よりも小形なので姫の名がついている。

▶根生葉と下の葉は基部が張り出した鉾形

分　類：多年草
花　期：5〜8月
草　丈：20〜50cm
分　布：日本全土（帰化植物）
漢字名：姫酸葉

花穂は細くてコンパクト　　スイバ同様シュウ酸を含み、かじると酸っぱい味がある

花期
1
2
3
4
5
6
7
8
9
10
11
12

ヨーロッパ原産の帰化植物で、明治のはじめに導入されたといわれています。人里のほか、亜高山地帯まで入り込んでふえています。

107

ウシハコベ

[Stellaria aquatica]

●ナデシコ科

茎の下部は地を這い、上部は斜めに立ち上がり、節の周辺が暗紫色を帯びる。葉は卵形で対生し、茎の下部につく葉は柄があり、上部につく葉は柄はなく茎を抱く。花は白色の5弁花だが、花弁が深く裂けて10弁に見える。花柱の先は5つに裂ける。

◀花柱が5本あるのが特徴

分　類：越〜多年草
花　期：4〜10月
草　丈：20〜50cm
分　布：北海道〜九州
漢字名：牛繁縷

葉は大きな卵形でしわが多い

花期
1
2
3
4
5
6
7
8
9
10
11
12

畑や空き地、道端など、いたるところで見かける

花柄は花後、下向きに曲がる

ハコベに似ていて、それよりとても大きいことから大型動物の「牛」を冠して名付けられました。

●ナデシコ科 **オランダミミナグサ**
[Cerastium glomeratum]

春

ヨーロッパ原産の帰化植物で、全体に毛が多い。茎は下部からよく分かれて四方に広がり、斜めに立ち上がる。茎はふつう暗紫色を帯びない。花柄が極端に短いため、白い5弁花が茎に接するように咲く。長卵形の葉は両面に立った毛が密生し対生する。

花弁の先は浅く2つに裂ける▶

分 類：越年草
花 期：4〜5月
草 丈：10〜60cm
分 布：本州以南（帰化植物）
漢字名：阿蘭陀耳菜草

葉は淡緑色で毛が多い

在来種のミミナグサ

明治末期に渡来し、都市周辺で特に多く見かける

花期
1
2
3
4
5
6
7
8
9
10
11
12

在来種のミミナグサは葉がネズミの耳に似ていることからついた名。現在はオランダミミナグサに追いやられて、あまり見かけません。

レッド・キャンピオン

[Silene dioica]

●ナデシコ科

春

ヨーロッパ原産の帰化植物。根元から数本の茎が直立して上部で分枝し、枝の先に数個の花が房咲きに咲く。花は淡紅紫色の5弁花で、花弁の先端が深く裂ける。濃緑色の葉は披針形で対生し、鋸歯はない。全体に白い細毛が密生してやや粘る。

◀花径は2cmほど

分 類：多年草
花 期：4～6月
草 丈：40～60cm
分 布：北海道～九州
　　　（帰化植物）
別 名：ヒロハノマンテマ

花期
1
2
3
4
5
6
7
8
9
10
11
12

花色の濃淡など個体差があり、園芸品種も多数ある

群生すると花時は見事

江戸時代末～明治の初め頃に観賞用として渡来し、道端や草原などに逃げ出しています。レッド・キャンピオンは英名です。

●ツルナ科

ツルナ
[Tetragonia tetragonoides]

春

蔓状の茎はよく分枝して地表を這い、上部は斜めに立ち上がる。三角状卵形の葉は互生し、多肉質で淡黄緑色。茎と葉に粒状の微細な突起があって触れるとざらつく。葉腋に小さな黄色の花が1〜2個つく。花弁のように見えるのは萼片で、裏面は緑色。

花は直径4mmほどで、花弁はない▶

分　類：多年草
花　期：4〜11月
草　丈：40〜60cm
分　布：日本全土
漢字名：蔓菜
別　名：ハマヂシャ、ハマナ

葉の質は厚いが軟らかい

果実になり始めている状態

海岸の荒れ地や砂地に生えるほか、食用に栽培もされる

花期
1
2
3
4
5
6
7
8
9
10
11
12

♣ 茎が蔓状に伸びて、古来より葉を菜として食用に利用してきたことが名の由来です。花が咲く前の若芽をおひたしや炒め物にします。

111

デロスペルマ・クーペリ

[Delosperma cooperi]

●ツルナ科

南アフリカ原産。茎はよく枝分かれして地面を這い、横に広がりながら立ち上がる。茎の先に紅紫色でやや光沢のある花を開く。濃緑色の葉は多肉質で軟らかく、細い円筒形。園芸用に栽培もされるが、耐寒性が高く道端などでも野生化している。

◀花は直径5cm。秋まで咲く

分　類：多年草
花　期：4〜11月
草　丈：10〜20cm
分　布：長野県、関東以西
　　　　（帰化植物）
別　名：耐寒マツバギク

暑さや乾燥にも強く、花は日差しのあるときに開く

葉は先が尖った円筒形

花色が淡いものもある

花壇などで栽培される南アフリカ原産のマツバギクに似て、耐寒性が強いことから耐寒マツバギクとも呼ばれています。

●○　　●ラン科

シラン
[Bletilla striata]

春

4〜5枚の細長い葉を広げ、中心部から細くて硬い花茎(かけい)を1本伸ばし、頂部に紅紫色(こうししょく)の花を4〜7輪まばらにつける。まれに白い花もあり、シロバナシランと呼ばれている。長楕円形の葉は多数の縦ひだがあり、基部(きぶ)は鞘状(しょうじょう)になって茎を抱く。

花は斜め下向きに咲く▶

分　類：多年草
花　期：4〜5月
草　丈：30〜70cm
分　布：本州中南部〜沖縄
漢字名：紫蘭
別　名：ベニラン

果実

シロバナシラン

丈夫だが、あまり乾燥するような場所では見かけない

花期
1
2
3
4
5
6
7
8
9
10
11
12

🍀 庭で栽培されるほか、日当たりがよい湿原や崖、雑木林などに自生しますが、野生種は準絶滅危惧種に指定されています。

マムシグサ

[Arisaema serratum]

●サトイモ科

地下にある球茎から茎を伸ばして2枚の葉を広げ、その先に花のように見える仏炎苞をつける。仏炎苞には縦に白い縞模様があり、その内側に本物の花が包まれている。葉は鳥足状の複葉で、長楕円形の小葉を多数つける。有毒植物で、雌雄異株。

◀仏炎苞は淡緑色〜黒紫色で先が尾状

分　類：多年草
花　期：4〜6月
草　丈：30〜120cm
分　布：本州〜九州
漢字名：蝮草
別　名：ムラサキマムシグサ

芽は斑紋が入った円錐状

やや明るい林の中などで、不気味な草姿で直立している

雌株は緑から赤く熟す実をつける

茎のように見える偽茎と呼ばれる部分が、マムシの模様に似ていることが名の由来。全草にサポニンを含む毒草です。

●カヤツリグサ科

コウボウムギ
[Carex kobomugi]

春

海岸の砂地に太く長い根茎を伸ばしながら、広がる。根際から出る葉は線形で、硬く厚みがあり縁がざらつく。三角柱状の太い茎は硬くて簡単には折れない。雌雄異株で、茎の先端につく円柱状の花穂は、雌株は淡黄緑色、雄株は淡褐色になる。

たくさんの雄しべが垂れる雄株▶

分　類：多年草
花　期：4〜6月
草　丈：10〜20cm
分　布：日本全土
漢字名：弘法麦
別　名：フデクサ

雌株は麦の穂のようになる

葉の縁に細かい鋸歯がある

いたるところの砂浜で見かける海浜植物の代表的存在

花期
1
2
3
4
5
6
7
8
9
10
11
12

根元にある暗褐色の繊維状の古い葉を弘法大師の筆に、穂を麦に見立てたのが名の由来です。筆草の別名もあります。

チガヤ

[Imperata cylindrica]

●イネ科

長い地下茎が縦横に這いながら、やや硬い線形の葉が茎とともに立ち上がる。葉は秋から冬にかけて紅葉し、赤紫色を帯びるが、暖地では冬でも緑色を保っている。花穂は長さ10〜20cmほどの円柱形で、花が終わると白く長い綿毛が密生する。

◀雄しべは後から現れる

分　類：多年草
花　期：5〜7月
草　丈：30〜80cm
分　布：日本全土
漢字名：茅、茅萱
別　名：ツバナ

花後、白い絹毛に覆われる

群生し、白い穂がふわふわと一斉に風になびく姿は美しい

白くて長い根茎

『万葉集』で詠まれた茅花はこの植物です。かむと甘みがある若い花穂は今でもツバナと呼ばれ、かつては子どものおやつでした。

●イネ科

イヌムギ
[Bromus catharticus Vahl]

春

南アメリカ原産の帰化植物。明治初期に牧草として渡来したものが野生化して、荒れ地や道端などでよく見かける。茎は数本群がって立ち上がり、多くの枝を出して緑色の平べったい小穂(しょうすい)をつける。枝は大きく横に開く。葉は広線形で先端が尖る。

小穂は長さ2.5〜3cmで、無毛▶

分　類：多年草
花　期：4〜6月
草　丈：40〜100cm
分　布：ほぼ日本全土
　　　　（帰化植物）
漢字名：犬麦

多くの枝が出て小穂をつける 　　道路のわきなどに群生(ぐんせい)しているので、ふつうに見かける

花期
1
2
3
4
5
6
7
8
9
10
11
12

🍀 ムギに似ているのに役に立たないので「犬」と冠して名付けられましたが、穂はあまりムギに似ていません。

117

スズメノヤリ

[Luzula capitata]

●イグサ科

葉は根際から生え、線形〜広線形で先は尖り、縁には白色の長い毛がまばらに生える。直立する細長い花茎の先に赤褐色の頭状花序を通常1つつけるが、まれに2〜3つつくこともある。雌しべの後に出る雄しべの葯は淡黄色で、花時はよく目立つ。

◀雄しべの葯は黄色でよく目立つ

分 類：多年草
花 期：4〜5月
草 丈：10〜30cm
分 布：日本全土
漢字名：雀の槍
別 名：スズメノヒエ、シバイモ

根生葉にも白い長毛がある

日当たりのよい草地や道端、芝地、庭などでよく見かける

雌しべの柱頭が先に出る

スズメは小さいことの喩え。球形の花のかたまりを大名行列の毛槍に見立て、小さくてスズメが持っていそうなので名付けられました。

●アヤメ科

シャガ
[Iris japonica]

春

地下茎が旺盛に横に這い、群落を形成する。剣状の葉は濃緑色で光沢がある。上部で枝分かれした花茎に、白地に紫と黄色の斑が入った花を開く。花は一日でしぼみ、毎日次の新しい花が咲いていく。シャガより小形で花色の濃いヒメシャガもある。

雄しべの先が3裂して花弁に見える▶

分　類：多年草
花　期：4～5月
草　丈：30～70cm
分　布：本州～九州
漢　字：射干
別　名：コチョウカ

葉は常緑で長さ30～60cm

ヒメシャガ

花が咲いても結実せず、根茎を伸ばしてふえていく

花期
1
2
3
4
5
6
7
8
9
10
11
12

🍀 花びらのへりが細かく切れ込んだやさしい花姿が、胡蝶が舞っているようなので、胡蝶花とも呼ばれています。

119

アサツキ

[Allium schoenoprasum var. foliosum]

●ユリ科

ネギを細くしたような姿。地下にあるラッキョウ形の鱗茎が分球してよくふえる。根際から生える葉は細い円筒形で細長く、淡緑色。質は軟らかで香りがある。花茎の先にネギ坊主のような淡紅紫色の花をつける。鱗茎や葉は食用として利用される。

◀葱坊主のように半球状に集まった花

分　類：多年草
花　期：5〜6月
草　丈：30〜50cm
分　布：北海道〜四国
漢字名：浅葱
別　名：イトネギ

芽ばえ。葉は細い円柱形

花茎は葉よりも長く伸び、葉は花時には途中で折れている

蕾は膜質の苞葉に包まれる

葉の色がネギより浅い緑色をしているのが名の由来です。このような色を浅葱色といいます。野菜としても栽培されています。

●ユリ科

アマドコロ

[Polygonatum odoratum var.plurilorum]

春

横に伸びる根茎(こんけい)からやや角ばった茎が立ち上がり、葉腋(ようえき)から出る花柄(かへい)の先に長さ2cmほどの筒形の花が1～2輪ついて垂れ下がって咲く。同じようなところで見かけるナルコユリは茎が角ばらず、花が3～5輪とアマドコロよりも多いので区別できる。

筒形の花は先が浅く6裂して開く▶

分 類：多年草
花 期：4～7月
草 丈：30～70cm
分 布：北海道～九州
漢字名：甘野老
別 名：イズイ、エミクサ

葉は長楕円形(ごせい)で互生する

ナルコユリ

弓なりに立つ独特の姿で、緑白色の花がぶら下がる

花期
1
2
3
4
5
6
7
8
9
10
11
12

横に這(は)う根茎が、ヤマノイモ科のトコロに似ていて、甘くて食べられるので、この名があります。

オーニソガラム・ウンベラータム

[Ornithogalum umbellatum]

●ユリ科

ヨーロッパ原産で、観賞用に栽培される球根植物。生育旺盛で逃げ出したものを日当たりのよい道端や造成地などで見かける。長く伸びる花茎（かけい）は上部で枝分かれし、先端に白色の花を10～20輪ほど咲かせる。花は日中日が射すと開き、陰ると閉じる。

◀清楚な純白の花が星形に開く

分　類：多年草
花　期：3～5月
草　丈：10～30cm
分　布：関東地方など（帰化植物）
別　名：オオアマナ、ベツレヘムの星

耐寒性があり強健で、庭園から逸脱して人家の周りなどで見かける

葉は狭線形（きょうせんけい）でやや光沢がある

> キリスト誕生の夜に輝いたといわれる「ベツレヘムの星」にたとえられ、英名をスター・オブ・ベツレヘムといいます。

●ユリ科

ハナニラ
[Ipheion uniflorum]

春

南アメリカ原産で、明治時代に観賞用として渡来したものが、野生化して道端などでよく見かける。地際から出る葉は横に這うように伸び、花茎の先端に白色〜淡青紫色の花を咲かせる。花には芳香があり、花弁の中央の紫色のすじが目立つ。

花は径3cmほど。星形に開く▶

分　類：多年草
花　期：3〜4月
草　丈：5〜15cm
分　布：本州〜九州（帰化植物）
漢字名：花韮
別　名：イフェイオン

次々と花茎を出し長く咲く

広線形の葉は横に広がる

暑さや寒さに強く丈夫でよくふえて、各地で野生化している

花期
1
2
3
4
5
6
7
8
9
10
11
12

軟らかい葉がニラに似て、鱗茎や葉を傷つけると、ニラのような臭気がするのが名の由来。名にニラと付いていても毒草で、食べられません。

イノモトソウ

[Pteris multifida]

●イノモトソウ科　○

春

山地や林の中のほか、溝のそば、家の周りの石垣などでもよく見かける常緑性シダ。短い根茎（こんけい）が這い、葉が集まって出る。葉は細長い線（せん）形で、胞子葉は長く伸び、栄養葉（えいようよう）は小さい。仲間で、大形のオオバイノモトソウも都心で見かけるシダのひとつ。

◀仲間のオオバイノモトソウ

分　類：多年生シダ
花　期：花は咲かない
草　丈：10～50㎝
分　布：関東地方以西～沖縄
漢字名：井口辺草、井の許草
別　名：プテリス

花期
1
2
3
4
5
6
7
8
9
10
11
12

都心でもやや日陰になる石垣には多数のシダ類を見かける

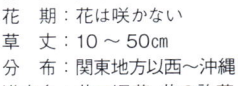

淡緑色（たんりょくしょく）ですっきりした草姿（そうし）

井戸の付近に多く生えることが名の由来といわれています。鉢物として栽培される園芸種もあります。【注】花が咲かないので花期のツメに色はつきません。

ヤブソテツ。常緑のシダ。大形の葉が集まって出て、高さ70〜100cmになる。羽状複葉で、羽片の先端に鋸歯がある。都心でも見かける

ノキシノブ。人家近くで見られるシダの代表で、木の幹や石垣、屋根などに着生している。葉は線形で厚く中央の脈がよく目立ち、葉柄は短い

ホウライシダ。人気の観葉植物のアジアンタムの仲間で、軟らかい葉が広がる常緑性のシダ。関東以南の都市近郊辺りにも逸脱して野生化している

イヌシダ。各地でふつうに見かける。冬に地上部が枯れる夏緑性シダで、羽状に深く裂ける葉は長さ15〜35cm。葉に白っぽい軟毛があるのが特徴。

春

キツネアザミ

[Hemisteptia lyrata]

●キク科

アザミに似た小さな花を上向きに多数つける。羽状に深く切れ込んだ葉は軟らかく、裏面には白い毛が密生してへりに棘がないのが特徴。ちょっと見るとアザミに似ているが、葉に棘がないので、キツネにだまされたかな、というのが名前の意味。

◀総苞片に突起があるのも特徴

分　類：越年草
花　期：5～6月
草　丈：40～80cm
分　布：本州～沖縄
漢字名：狐薊

根生葉はロゼット状

空き地や田畑の畦、道端などでよく見かける

茎葉は互生する

名にアザミとつきますが、アザミの仲間ではありません。昔、稲作文化とともに渡来した史前帰化植物といわれています。

● キク科

チチコグサ
[Gnaphalium japonicum]

春

地際から生える葉はロゼット状になり、地上を横に這う茎を出してふえる。葉は線形で、裏面に白色の綿毛が密生する。数本立ち上がった茎の先端に、茶褐色の頭花を多数つける。花の基部には3〜5枚ほどの披針形の小さな苞葉が放射状につく。

花の下の苞葉は星形に開く▶

分　類：多年草
花　期：5〜10月
草　丈：8〜25cm
分　布：日本全土
漢字名：父子草
別　名：オトコチチコ

蔓のような匍匐茎で群生する

花時も根生葉が残っている

花が終わると、冠毛をつけたタネが風に乗って飛ぶ

花期
1
2
3
4
5
6
7
8
9
10
11
12

🍀 ハハコグサ (p.59) の仲間なので、全体の雰囲気は似ていますが、それよりずっと小形で地味です。ハハコグサほどは見かけません。

ニガナ
[Ixeris dentata]

●キク科

葉や茎に苦味があるのが名の由来。根際から出る葉は不規則に切れ込むことがあり柄が長く、茎葉は長楕円形で互生し、柄がなく基部は茎を抱く。上部で枝分れした細い花茎の先端に、通常5枚の舌状花のみからなる黄色の頭花を多数つける。

◀舌状花はふつう5枚ある

分　類：多年草
花　期：5〜7月
草　丈：20〜50cm
分　布：日本全土
漢字名：苦菜

柄をもつ根生葉

日当たりの良い道端や草地でふつうに見かるやさしげな野の花

基部が茎を抱く茎葉

ニガナの変種に、白い花を咲かせるシロバナニガナや、黄色い花びらが8枚以上あるハナニガナなどがあります。

シロバナニガナ。ニガナより大きく、丈夫な茎は高さが40〜70cmになる。根生葉も大きい。舌状花は白色で、8〜11枚。日本全土に分布する

ハナニガナ。黄色い舌状花が8〜11枚あり、ニガナより大きく草丈は40〜70cm。茎につく葉は基部が茎を抱く。日本全土に分布する

ノニガナ。花期は4〜5月で、田んぼの畦などちょっと湿り気のあるところで見かける。草丈15〜50cm。葉は矢じり形で基部が茎を抱く

ハマニガナ。海岸の砂浜で見かけるニガナの仲間。地下茎は砂の中を這い、葉だけが砂の上に出る。葉の脇から出る花茎に黄色い花をつける

ノアザミ

[Cirsium japonicum]

●キク科

根生葉はロゼット状で羽状に深く裂け、花時も枯れずに残っている。茎葉は互生し、基部はやや茎を抱く。葉の縁には鋭い棘がある。茎の先端に紅紫色の頭花を真っ直ぐに上に向けてつける。花の下にある総苞片は反り返らず球形で、触れると粘る。

◀花は筒状花だけが集まったもの

分　類：多年草
花　期：5〜8月
草　丈：50〜100cm
分　布：本州〜九州
漢字名：野薊

葉は棘があり、羽状に裂ける

花が直立して咲き、総苞に触ると粘るのがわかる

茎にも葉にも毛がある

本種は日本のアザミの代表ともいえるもの。アザミには秋咲きが多いのですが、このアザミは春から咲きはじめます。総苞が粘るのも特徴です。

●キク科

ヤブタビラコ
[Lapsana humilis]

春

全体に軟らかく、軟毛が生える。根から出る葉は羽状に深く裂け、平らに広がらずやや立ち上がる。複数の花茎を斜めに立ち上げ、舌状花のみからなる黄色の頭花をまばらにつける。花は、蕾の時は楕円形だが、花後に卵球形になり垂れ下がる。

舌状花の数は 15 〜 20 枚 ▶

分 類：越年草
花 期：4 〜 6 月
草 丈：20 〜 40cm
分 布：北海道〜九州
漢字名：藪田平子

根生葉はやや立ち上がる

花が終わると下を向く

茎が倒れたり、斜めに立ち上がって黄色い花を次々開く

花期
1
2
3
4
5
6
7
8
9
10
11
12

藪や庭の隅、公園の木陰などといった、やや日陰で湿ったところに好んで生え、全体にひょろひょろしています。

ツタバウンラン

[Cymbalaria muralis]

●ゴマノハグサ科

細い糸状の茎が地面を這い、節から根を出して広がる。長い柄がある葉は手のひら状に5〜7つに浅く裂ける。葉腋から出る花柄の先端に、淡青紫色の花をつける。花は唇形花で、上唇に濃紫色のすじがあり、下唇に黄色いふくらみが2つある。

◀花の長さは7〜9mm

分　類：多年草
花　期：5〜11月
草　丈：3〜5cm
分　布：北海道,本州（帰化植物）
漢字名：蔦葉海蘭
別　名：ツタガラクサ

茎が横に這う

街路樹の下や石垣の隙間などに生え、霜の降りる頃まで咲く

果実は球形で下垂する

地中海沿岸原産で、大正時代の初めに渡来しました。冬に地上部が枯れますが、春にはまた芽吹いて、地表を覆います。

●○ ●ゴマノハグサ科

トキワハゼ
[Mazus pumilus]

春

根際から生える葉は対生し、へら形で浅い鋸歯がある。茎は白色の短毛が密生する。ムラサキサギゴケ（p.134）に似ているが、小型で、唇形花の下唇は淡紫色を帯びた白色であることや地を這う茎を出さないのが区別点。また、花が長く咲く点も異なる。

唇形花。下唇はわずかに紫色を帯びる▶

分　類：1年草
花　期：4～10月
草　丈：5～20cm
分　布：日本全土
漢字名：富貴草
別　名：常磐爆

根生葉はやや大きな卵形

匍匐茎を出さない

道端や畑でよく見かける小さな草で、春～秋まで長く咲く

花期
1
2
3
4
5
6
7
8
9
10
11
12

🍀 名の由来ははっきりしていませんが、種子が発芽してすぐに花をつけ、いつでも花が見られ、実がパチッとはぜるから、という説があります。

133

ムラサキサギゴケ

[Mazus miquelii]

● ゴマノハグサ科 ●○

匍匐茎を四方に出して広がる。根際から出る葉は広卵形で粗い鋸歯がある。匍匐茎につく葉は小さく、対生する。根際の葉の間から花茎を出し、紅紫色の唇形花をまばらにつける。まれに白花をつけるものがあり、それをサギゴケまたはサギシバと呼ぶ。

◀ 唇形花。下唇に黄褐色の斑紋がある

分 類：多年草
花 期：4～6月
草 丈：5～10cm
分 布：本州～九州
漢字名：紫鷺苔

花期
1
2
3
4
5
6
7
8
9
10
11
12

田んぼの畦道などで紫色の絨毯を広げたように群生する

根生葉の間から匍匐茎を出す

花が白いサギゴケ

花の形がサギに似て、コケのように地面を覆って広がる様子から、この名があります。花は春だけ咲きます。

●サクラソウ科

コナスビ
[Lysimachia japonica]

春

全体に軟毛が密生する。茎は赤みを帯びて地面を這う。葉は広卵形で対生し、先が短く尖る。葉の腋に上向きに開く花は、通常5つに深く裂けて5弁花に見え、先端が鋭く尖った細い萼片が花弁の間から飛び出す。花後、球形の小さい果実をつける。

花も萼も深く5つに裂ける▶

分　類：多年草
花　期：5〜9月
草　丈：5〜15cm
分　布：日本全土
漢字名：小茄子

葉の腋に1つ花を付ける

半日陰では茎が立つ

茎は地面を横に這って広がり、庭の隅や道端などで見かける

花期
1
2
3
4
5
6
7
8
9
10
11
12

🍀 花が終わると、4〜5mm程度の小さな丸い果実が5裂した萼に包まれます。その形をナスに見立て、全体に小形なことが名の由来です。

チドメグサ

[Hydrocotyle sibthorpioides]

●セリ科

空き地や道端、芝生などいたるところで見かける。細い茎がよく分枝して地面を這う。葉は長い柄をもつ円形で、表面に光沢があり、縁は手のひら状に浅く裂ける。葉の腋から短い花柄を出し、先端に小さな花を10個以上、球状にかたまってつける。

◀花は白〜かすかな紫色で、花弁が5枚

分　類：多年草
花　期：6〜9月
草　丈：2〜5cm
分　布：本州〜沖縄
漢字名：血止草

葉は小さな円形で無毛

果実

常緑で、四方八方に広がる厄介な雑草として知られている

葉を揉んで、その汁を傷口につけると血が止まるという言い伝えが名の由来です。仲間にオオチドメやノチドメなどがあります。

オオチドメ。山野に生える多年草で、別名ヤマチドメ。チドメグサに似るが、葉が大きく、花柄が葉よりも高く伸び、葉の上で花が咲く

ノチドメ。茎の上部が斜めに立ち上がり、オオチドメに似ているが、葉が深く切れ込み、つねに花が葉より下にあるので、区別できる

ヒメチドメ。葉は小さくあまり光沢がない。深く切れ込んで葉の基部が大きく開くので、仲間の中では見分けがつく。花は数個しかつかない

ウォーター・マッシュルーム。外来のチドメグサで、別名ウチワゼニクサ。熱帯魚などと一緒に水槽で栽培されていたものが、一部水辺や草原で野生化している

コモチマンネングサ

[Sedum bulbiferum]

●ベンケイソウ科

全体に多肉質で、茎が地を這い、上部は斜めに立ち上がる。茎につく下部の葉はへら形で対生し、上部の葉は互生し細長い。枝分かれした茎の先に、黄色の花を上向きにつける。花は星形の5弁花。葉腋に円形の2〜3対のムカゴをつくり繁殖する。

◀花弁は5枚。種子はできない

分 類：1年草
花 期：5〜6月
草 丈：5〜20cm
分 布：本州〜沖縄
漢字名：子持万年草

道端や草地、田の畦など人家近くでよく見かける

葉腋につくムカゴ

茎も葉も多肉質

花が咲く頃に葉の腋にムカゴができます。その姿からこの名があります。ムカゴは、地面に落ちて新しい苗になりふえていきます。

●サトイモ科

ショウブ
[Acorus calamus]

春

全体に独自の芳香がある。根茎は枝分かれして横に這いながら伸び、先端から葉を立ち上げる。葉は扁平で鮮やかな黄緑色の剣状。中央に太い葉脈がありよく目立つ。葉の間から葉のように見える花茎を出し、淡黄緑色の肉穂花序を斜め上向きにつける。

◀花弁も萼もない花が下から咲く

分　類：多年草
花　期：5〜7月
草　丈：50〜100cm
分　布：北海道〜九州
漢字名：菖蒲
別　名：アヤメグサ

扁平で剣の形の葉　　　　小川や池、水田のわきのような湿地に群生する

花期
1
2
3
4
5
6
7
8
9
10
11
12

🍀 古名をアヤメグサといい、『万葉集』などに登場します。全体に芳香があり、5月の端午の節句に使う菖蒲湯はこの植物を用います。

139

コバンソウ

[Briza maxima]

●イネ科

線形の葉は長さ8cmほどで、鮮やかな緑色で質が軟らかく互生する。わずかに分枝した枝に、糸のように細い花柄を出し、先端にややふくらみのある小穂が数個ずつ垂れ下がってつく。小穂は光沢があり、熟すと淡緑色から黄褐色になる。

◀小穂の長さは1〜1.5cm、下向きにつく

分　類：1年草
花　期：5〜7月
草　丈：30〜60cm
分　布：本州中部以南（帰化植物）
漢字名：小判草
別　名：タワラムギ

花序の先は曲がって垂れる

人家近くの空き地や道端のほか、海岸の砂地でも見かける

自然に乾くと黄褐色になる

🍀 ヨーロッパ原産の帰化植物。もともとは観賞用に栽培されていたものです。黄金色に熟した小穂が小判形に見えることが名の由来です。

●イネ科 **ヒメコバンソウ**
[Briza minor]

春

茎は下部でやや分枝して直立する。葉は黄緑色の線形で表面や縁はざらつく。円錐花序は枝も分枝もコバンソウより多く、三角状卵形の扁平な小穂が多数垂れ下がってつく。小穂は淡緑色でやや光沢があるが、熟しても色はあまり変わらない。

◀小穂はとても小さいが多数つく

分　類：1年草
花　期：5〜7月
草　丈：10〜60cm
分　布：ほぼ日本全土（帰化植物）
漢字名：姫小判草
別　名：スズガヤ

花序は真っ直ぐ立つ

コバンソウとヒメコバンソウ 　　野生化して、芝生や空き地、道端などで見かける

花期
1
2
3
4
5
6
7
8
9
10
11
12

ヨーロッパ原産。コバンソウより早く幕末に渡来しました。乾燥した穂を振ると、さらさらと音を立てるので、鈴萱とも呼ばれています。

ノビル

[Allium macrostemon]

地下に球形の鱗茎があり、地上に細い線形の葉を伸ばす。葉は先が尖り基部は鞘となり茎を包む。中空で断面は三日月形に角張る。花茎の先端につく蕾は膜質の総苞に覆われ、先端はくちばし状に長く尖る。ムカゴがつき、開花しないこともある。

◀花は淡紅紫色で、種子はできない

分　類：多年草
花　期：4〜6月
草　丈：20〜80cm
分　布：日本全土
漢字名：野蒜
別　名：ヒル、ヒルナ

花よりムカゴが多い花序もある

『古事記』にも登場し、鱗茎と葉は食用として利用される

全体にネギ臭がある

人家の周りでよく見かけることから、古い時代に農作物と一緒に中国から渡来したともいわれています。

散歩で見かける

夏の野の花・野草

夏

アメリカオニアザミ
[Cirsium vulgare (Savi) Ten.]

●キク科

ヨーロッパ原産の大形の外来雑草。羽状に裂けた大きな根生葉を広げ、中心から太い茎を立ち上げ、茎の先にアザミに似た花を開く。花後に綿毛のついた種子を多数つける。茎にはひれ（翼）があり、ひれには鋭い棘があり、とても痛くて触れない。

◀アザミに似た花で、長さ3〜4cm

分　類：越年草
花　期：6〜10月
草　丈：50〜100cm
分　布：北海道〜四国（帰化植物）
漢字名：亜米利加鬼薊
別　名：セイヨウオニアザミ

発芽間もない葉にも棘がある

花期
1
2
3
4
5
6
7
8
9
10
11
12

全体にトゲで武装しているような草姿をしている

茎も葉も鋭い棘がある

1960年代に北海道で発見され、特に北海道で蔓延しています。現在は外来生物法要注意種に指定されています。

●キク科 **オオキンケイギク**
[Coreopsis lanceolata]

夏

何本も立ち上がる茎はよく分枝し、枝の先に黄色い花を1つずつ開き、高速道路沿いや道端などを黄金色に染める。明治の中頃に観賞用に導入されたが、繁殖力が強く、各地で野生化し、現在は特定外来生物に指定され、栽培は禁止されている。

ふつう8枚ほどの舌状花が筒状花を囲む▶

分　類：多年草
花　期：5〜7月
草　丈：30〜70cm
分　布：日本全土（帰化植物）
漢字名：大金鶏菊

葉の両面に毛がある

栽培可能なキンケイギク

北アメリカ原産。群生して一面を黄色に染める

花期
1
2
3
4
5
6
7
8
9
10
11
12

栽培されているキンケイギクも逃げ出して野生化し、全体にやや小さく、舌状花の基部が紫褐色を帯びるので区別できます。

145

オグルマ

[Inula britannica subsp. japonica]

●キク科

ふつう茎や葉にぴったり張り付いた伏毛がある。茎は直立し、上部で分枝した枝の先に花が1つずつ上向きに咲く。舌状花が、切りそろえたように長さが揃って、まるで小さな車のようだ、というのが名の由来。軟らかで薄い葉は葉脈が目立たない。

◀頭花は直径3〜4cm

分　類：多年草
花　期：7〜10月
草　丈：20〜60cm
分　布：日本全土
漢字名：小車

葉は広披針形で質が薄い

平地の湿地や小川の岸、田の畦などに生えている

カセンソウ

よく似たカセンソウは、舌状花が不揃いで、頭花の下に苞葉があること、葉の質が厚く、裏面の葉脈が目立つことから、区別できます。

●キク科

セイヨウノコギリソウ
[Achillea millefolium]

夏

ヨーロッパ原産の帰化植物。全体に軟毛があり、直立する茎の先に白い小さな花が集まって傘を開いたように咲く。葉は灰色がかった緑色で羽状(うじょう)に細かく裂ける。薄紅や紅色の花を咲かせる園芸種をアカバナセイヨウノコギリソウと呼んでいる。

アカバナセイヨウノコギリソウ▶

分　類：多年草
花　期：6〜9月
草　丈：40〜120cm
分　布：日本全土（帰化植物）
漢字名：西洋鋸草
別　名：アキレア

葉は軟らかく深く切れ込む

ノコギリソウ

ハーブではヤロウと呼び、長く伸びる根茎(こんけい)で群生(ぐんせい)する

花期
1
2
3
4
5
6
7
8
9
10
11
12

明治時代に渡来し、繁殖力が強く、現在は山地帯にまで入り込んでいます。在来種のノコギリソウは葉が厚く、切れ込み方が浅いです。

ヒメジョオン

[Erigeron annuus]

●キク科

全体に毛があり、細くて硬い茎が直立する。上部でよく分枝した枝の先に、花径2cmほどの花が多数咲く。花色は白だが、多少青紫色を帯びることもある。ハルジオン（p.60）に似るが、葉の基部が茎を抱かず、蕾がうなだれないので見分けられる。

◀舌状花は白色、筒状花は黄色

分 類：1～越年草
花 期：6～10月
草 丈：30～100cm
分 布：日本全土（帰化植物）
漢字名：姫女苑
別 名：ヤナギバヒメギク、テツドウグサ

道端や空き地、公園などいたるところで見かける

茎に白い髄が詰まっている

葉は茎を抱かない

北アメリカ原産の帰化植物で、ハルジオンより早く明治初年に渡来。柳葉姫菊と呼ばれ、鉄道の普及で全国に広がりました。

●キキョウ科

キキョウソウ
[Triodanis perfoliata Nieuwl.]

夏

北アメリカ原産の帰化植物。茎は直立し、小さな葉が互生する。葉の腋に1～2個の鮮やかな青紫色の花が斜め上向きに開く。花は下方から上方にだんだんと咲いていくので、ダンダンギキョウの別名がある。花後に円筒形の果実をつける。

花径1.5～1.8cmで、先が5裂する▶

分　類：1年草
花　期：5～6月
草　丈：20～80cm
分　布：福島県以南（帰化植物）
漢字名：桔梗草
別　名：ダンダンギキョウ

葉の基部が茎を抱く

果実に穴が開き種子がこぼれる　道端、空き地、公園、市街地の植え込みなどで見かける

花期
1
2
3
4
5
6
7
8
9
10
11
12

帰化植物にしては栽培しているのかと思わせるほど美しい花が咲きます。明治中期には植物園で栽培されていたそうです。

ホタルブクロ

[Campanula punctata]

●キキョウ科

全体に粗い毛があり、直立する茎の上部に大きな釣り鐘形の花が下向きに咲く。淡紅紫色の花の内側に濃紫色の斑点がある。名の由来に、子どもが花の中にホタルを入れるからという説と、花の形が火垂（提灯の古名）に似ているからという説がある。

◀萼片の間に反り返った付属物がある

分　類：多年草
花　期：6〜8月
草　丈：30〜80cm
分　布：北海道〜九州
漢字名：蛍袋、火垂袋
別　名：チョウチンバナ、アメフリバナ

根生葉

釣り鐘形の愛らしい花を下垂させて夏の到来を告げる

白花種

長い柄をもつ根生葉がありますが、花時には枯れています。花色が多彩で、同じ株でも同じ色の花をつけるとは限りません。

● キキョウ科 **ヤマホタルブクロ**
[Campanula punctata var. hondoensis]

夏

ホタルブクロの変種といわれるもので、こちらのほうが全体に毛が多く、花が幾分大きめで、花色がやや濃い。花を包んでいる萼片と萼片の間に付属物がなく、その部分が膨らむのでホタルブクロと区別できる。茎につく葉は披針形で、互生する。

◀萼片の間がこぶ状になっている

分　類：多年草
花　期：6〜8月
草　丈：30〜80cm
分　布：東北地方南部
　　　　〜近畿地方
漢字名：山蛍袋、山火垂袋
別　名：チョウチンバナ、
　　　　アメフリバナ

花の先が浅く5裂する

茎同様葉にも毛がある

数輪の花が下向きに咲き、風に揺らぐ風情は格別

花期
1
2
3
4
5
6
7
8
9
10
11
12

梅雨の頃になると釣り鐘形の花が吊り下がって咲きます。花が下を向いて咲くのは、花粉が雨にぬれないための花の知恵だそうです。

151

ミゾカクシ

[Lobelia chinensis]

●キキョウ科

全体に無毛で、細い茎は細かく枝分かれして地を這う。茎の節から発根して地面を覆って広がり、溝を隠すほど茂ることが名の由来。狭い長楕円形の葉は軟らかくみずみずしい。葉の腋から長い花柄を伸ばして淡紫色の花を1つ上向きに開く。

◀花は先が深く5裂した独特の形

分　類：多年草
花　期：6〜10月
草　丈：10〜15cm
分　布：日本全土
漢字名：溝隠
別　名：アゼムシロ

花の色は株によって濃淡がさまざま。白花もある

葉はまばらに互生する

溝を覆うほどよく繁茂する

田の畦に筵を敷いたように広がる様子から、アゼムシロの別名もあります。毒草ですからセリ摘みのときは混じらないように要注意。

●アカネ科

ヤエムグラ
[Galium spurium var. echinospermon]

夏

全体にざらざらして、昔は子どもが葉を勲章(くんしょう)の代わりにして胸につけて遊んだ。葉や茎に下向きのトゲあり、他のものに絡(から)まりながら群がって伸びていく。幾重にも重なって茂ることが名の由来。葉の腋(わき)や茎の先に黄緑色の小さな花を開き、開花後枯れる。

花は小さく、4つに深く裂ける▶

分　類：1～越年草
花　期：5～7月
草　丈：60～100cm
分　布：日本全土
漢字名：八重葎
別　名：クンショウグサ

葉は6～8枚が輪生(りんせい)する

茎は軟らかで四角

家の周りなどでよく見かけるなじみの深い野草

花期
1
2
3
4
5
6
7
8
9
10
11
12

『枕草子』や『百人一首』に登場する八重葎(やえむぐら)はアカネ科のこの植物ではなく、カナムグラ (p.279) のことだといわれています。

153

オオバコ
[Plantago asiatica]

●オオバコ科

葉が大きいことが名の由来。すべての葉が根元から出て、地面に張りつくように広がり、踏まれても平気な道端の雑草。10枚ほどの葉の中心から数本の花茎（かけい）を立ち上げ、上部に小さな花を穂状にびっしりとつける。花は穂の下の方から咲いていく。

◀雌しべが枯れてから雄しべが伸びる

分　類：多年草
花　期：4～9月
草　丈：10～20cm
分　布：日本全土
漢字名：大葉子、車前草
別　名：スモウトリバナ

葉は卵形（らんけい）。5本の脈が目立つ

踏み固められた道端などで見かけ、秋頃まで穂が出ている

果実になりはじめたところ

花茎が強くしなやかなので、からませて引っ張り合い、切れたほうが負けという草花遊びは有名で、スモウトリバナとも呼ばれています。

●オオバコ科 ツボミオオバコ
[Plantago virginica L.]

夏

全体に白い毛に覆われ、ふわふわと軟らかい感じがある。穂状花序に淡黄褐色の花を密につけるが、ふつう花がほとんど開かないため、いつでも蕾のように見えるところが名の由来。葉は倒披針形で長さ3～10㎝。すべて根元から出て斜めに立ち上がる。

花期でも雄しべが外に飛び出ない▶

分 類：1～越年草
花 期：5～8月
草 丈：10～30㎝
分 布：関東以西（帰化植物）
漢字名：蕾大葉子
別 名：タチオオバコ

雄しべが出る個体もある

葉はすべて根生する

空き地や道端で見かける。ときに群生することもある

花期
1
2
3
4
5
6
7
8
9
10
11
12

北アメリカ原産の帰化植物で、大正年間に渡来したといわれています。円柱形の花茎が直立するので、タチオオバコの名もあります。

ヘラオオバコ

[Plantago lanceolata]

●オオバコ科

ヨーロッパ原産で、江戸時代の末に渡来した帰化植物。名は葉がへら形のオオバコという意味。へら形の根生葉は花時も残っている。長く立ち上げた花茎の先に穂状に花をつけ、突き出た雄しべがリング状にとりまき、下から咲き上がる独特の草姿。

◀白く見えるのは雄しべで、長く突き出る

分　類：1～多年草
花　期：5～8月
草　丈：20～80cm
分　布：日本全土（帰化植物）
漢字名：箆大葉子

花が終わると花穂は円柱状になる

踏みつけに強くないため、草地に群生することが多い

へら形の根生葉は質が軟らか

雄しべが飛び出る花姿は、オオバコの仲間では華やかな感じですが、繁殖力が強く、外来生物法で要注意外来種に指定されています。

◉ハマウツボ科

ヤセウツボ
[Orobanche minor]

夏

地中海沿岸原産の帰化植物。葉緑素をもたない寄生植物で、主にマメ科のシロツメクサに寄生して養分をもらう。茶褐色の茎が直立し、茎の上部に多数の花をつける。花は上下2唇に分かれた唇形花（しんけいか）で、横向きに咲く。萼片（がくへん）の先は尾状に尖る。

花に紫色のすじがあり長さ1.2～1.5cm▶

分 類：1年草
花 期：5～6月
草 丈：15～40cm
分 布：本州、四国
　　　　（帰化植物）
漢字名：痩靫

公園などでもよく見かける　　葉緑素がないので全体に黄褐色。触れると粘つく

花期
1
2
3
4
5
6
7
8
9
10
11
12

牧草へ寄生して、生長を抑制することなどから、外来生物法で要注意外来種に指定されています。

アゼトウガラシ
[Lindernia angustifolia]

●ゴマノハグサ科 ●○

全体に無毛。茎は直立するか斜めに立ち上がり、上部の葉の腋に淡いピンクを帯びた唇形花を1つずつ開く。純白の花をつけるシロバナアゼトウガラシもある。田の畦に生えていて、花後、トウガラシに似た細長い果実をつけることが名の由来。

◀花は淡紅紫色で基部の色が濃い

分　類：1年草
花　期：7〜10月
草　丈：8〜20cm
分　布：本州〜九州
漢字名：畔唐辛子

水田や田の畦、休耕田など湿ったところで見かける

葉は披針形で対生する

暖地の日当たりの良い水田で見かける雑草でしたが、近年は除草剤などの農薬の普及からあまり見かけなくなりました。

●○　●ゴマノハグサ科

アゼナ
[Lindernia procumbens]

夏

全体に無毛で軟らかい。角張った茎が基部で分枝し、直立するか斜めに立ち上がる。先端が丸い卵円形の葉の腋から葉より長い柄を出し、唇状の小さな花を1つずつつける。同じ場所で、よく似た北アメリカ原産のアメリカアゼナも見かける。

花は紅紫色で長さ5mmほどの唇形花▶

分 類：1年草
花 期：7～10月
草 丈：10～15cm
分 布：本州～沖縄
漢字名：畔菜

鋸歯のない葉が対生する

アメリカアゼナ

茎も葉もやや多肉質で軟らかい。水田雑草の一つ

花期
1
2
3
4
5
6
7
8
9
10
11
12

田の畦道によく生えるのが名の由来です。帰化植物のアメリカアゼナは、葉縁に鋸歯がないアゼナと違って、少し切れ込みがあります。

夏

ウリクサ
[Vandellia crustacea]

●ゴマノハグサ科

四角張った茎が分枝して地面を這いながら広がり、上部が斜めに立ち上がる。広卵形の葉は対生し、茎の上部の葉の腋から細い花柄を伸ばして小さな唇形花を1つずつ開く。花は上唇と下唇に分かれ、さらに上唇は浅く2裂し、下唇は3裂する。

◀淡紫色の花は唇形花で長さ7〜10mm

分　類：2年草
花　期：7〜10月
草　丈：3〜5cm
分　布：日本全土
漢字名：瓜草

花期
1
2
3
4
5
6
7
8
9
10
11
12

道端や庭、畑で見かける。日当たりがよいと紫色を帯びる

葉は卵形で対生する

よく分枝して地面に広がる

果実の形がマクワウリの形に似ていることが名の由来です。果実は楕円形で、ほぼ同じ長さの萼に包まれているのが特徴です。

●ナス科

ケチョウセンアサガオ
[Datura meteloides]

夏

北アメリカ原産の帰化植物。全草にアルカロイドを含む有毒植物。全体に毛が密生し、葉の腋に漏斗形の大きな花をつける。花は夕方上向きに開き、翌日の昼頃にはしぼむ。よく似て全体にほとんど毛がないチョウセンアサガオも帰化している。

果実は球形で下向きにつく▶

分　類：多年草
花　期：6〜9月
草　丈：80〜200cm
分　布：ほぼ各地（帰化植物）
漢字名：毛朝鮮朝顔
別　名：ダツラ、
　　　　アメリカチョウセンアサガオ

開花間近の蕾(つぼみ)

チョウセンアサガオ

荒地や道端などで、夕方、強い香りを放って咲く

花期
1
2
3
4
5
6
7
8
9
10
11
12

チョウセンアサガオは天保年間に渡来し、マンダラゲと呼ばれて華岡青洲(はなおかせいしゅう)が乳癌の手術に用いたといわれています。

161

ワルナスビ

[Solanum carolinense L.]

●ナス科

全草棘だらけの北アメリカ原産の帰化植物。茎は枝分かれして節ごとに「く」の字形に曲がり、節間に花序を出してナスに似た花を4〜10個下向きに開く。葉は長楕円形で互生し、葉脈の鋭い棘が目立つ。果実は球形で緑色から橙黄色に熟す。

◀花は星形で黄色い雄しべが突き出る

分　類：多年草
花　期：6〜10月
草　丈：40〜70cm
分　布：日本全土（帰化植物）
漢字名：悪茄子
別　名：オニナスビ

全体に鋭い棘がある

長い根茎が地中を這って道端や空き地などに群生する

果実は球形で径1.5cm

葉や茎に鋭い棘があり、繁殖力が強い始末の悪い雑草の意味で、名に「悪」がついています。外来生物法で要注意種になっています。

●シソ科

イヌゴマ
[Stachys japonica var. grandis]

夏

分枝せずに直立する四角い茎には、短い下向きの棘が並んでついているので触るとざらつく。茎の上部に淡紅色の唇形花が段々になって咲く。下唇弁は少し大きく3裂し、赤色の斑点がある。披針形の葉は、葉面に深いしわと縁に鋸歯がある。

花は節ごとに輪状に集まって咲く▶

分　類：多年草
花　期：7～8月
草　丈：30～80cm
分　布：北海道～九州
漢字名：犬胡麻
別　名：チョロギダマシ

細いざらざらする葉が対生する

花後、5裂した萼が残る

湿地や水路わきなどに、白い地下茎を伸ばして群生する

花期
1
2
3
4
5
6
7
8
9
10
11
12

果実の形が食料のゴマに似ているのに、利用価値がないことから「犬」の字を冠して名付けられました。

ウツボグサ

[Prunella vulgaris var. lilacina]

●シソ科

四角形の茎の先に花穂をつけ、紫色の唇形花が下から順に咲いていく。円柱状の太い花穂の形が矢を入れておく筒形の靫に似ているのが名の由来。また、花が終わると花穂が褐色になり、真夏に枯れたように見えるので、夏枯草の別名もある。

◀シロバナウツボグサ

分　類：多年草
花　期：6〜8月
草　丈：20〜30cm
分　布：北海道〜九州
漢字名：靫草
別　名：カコソウ

葉は長楕円形で対生

草地や土手、道端に生え、紫色の花が夏草の中でよく目立つ

花穂は枯れると黒変する

花が終わるとすぐに花穂が枯れたようになるのが特徴です。消炎効果があるので、漢方ではこの枯れた穂を干して利尿薬に用います。

●シソ科

トウバナ

[Clinopodium gracile (Benth.) O. Kuntze]

夏

四角で細い茎が根際から群がって生え、下の方は少し這い、上部は立ち上がる。茎の先や上部の葉の腋に短い花穂をつくり、小さな唇形花が段状に輪生して咲く。葉は広卵形で対生する。次々と花が咲いていく花穂の形を塔に見立てたのが名の由来。

唇形花は小さくて長さ5〜6mm▶

分 類：多年草
花 期：5〜8月
草 丈：15〜30cm
分 布：本州〜沖縄
漢字名：塔花

花は輪状に数段つき次々と咲く　田の畦や湿り気のある道端などで見かける小形の植物

花期
1
2
3
4
5
6
7
8
9
10
11
12

草姿も花も小さい地味な野草で、注意しないと見逃しそうです。日当たりの悪い庭の隅で見かけることもあります。

コヒルガオ
[Calystegia hederacea]

●ヒルガオ科

ヒルガオ（p.167）に比べて花も葉も小さいことが名の由来。ヒルガオと同じような場所で見かけるが、花の柄の上部に縮れた狭いひれ（翼）があるので見分けられる。葉の基部(きぶ)の両側が大きく横に張り出して三角状のほこ形になるのも特徴である。

◀花茎(かけい)の上部にひれがある

分　類：多年草
花　期：6〜8月
草　丈：1〜2m
分　布：日本全土
漢字名：小昼顔
別　名：アメフリバナ、ハタケアサガオ

都市でも郊外でもよく見かけるたくましい雑草

葉の基部が耳状に張り出す

ごくまれに果実をつける

細くて長い白い地下茎は切れやすく、地中に残った部分が再び発芽してふえていくため、駆除が難しい害草として嫌われています。

●ヒルガオ科

ヒルガオ
[Calystegia japonica]

夏

茎は蔓性になり、ほかの植物などに巻きついて伸び、長い花柄の先に淡紅色の花をラッパ形に開く。花の色はコヒルガオ（p.166）よりも濃い。花柄の上部に翼がないので柄が滑らかなことと、葉の基部の両側が下に突き出て矢じり形になることが特徴。

花柄の上部に翼がない▶

分　類：多年草
花　期：6〜8月
草　丈：1〜2m
分　布：北海道〜九州
漢字名：昼顔
別　名：アメフリバナ、
　　　　ハタケアサガオ

葉の基部は後方に張り出す

花は漏斗形の一日花。花径5cm

『万葉集』に、「美しい花」という意味の「かほばな」の名で出てくる

花期
1
2
3
4
5
6
7
8
9
10
11
12

アサガオに対して日中咲いているので、この名があります。花を摘むと雨が降るといわれ、アメフリバナの名でも親しまれています。

ハマヒルガオ

[Calystegia soldanella]

● ヒルガオ科

名は「浜辺に生え、ヒルガオに似た花をつける」という意味。乾燥する厳しい条件で生育するために、つやつやした厚い葉をつけて水分の蒸発を防いでいる。同じように海岸の砂地で見かけるグンバイヒルガオは、ハマヒルガオより質が厚い大きな葉をもつ。

◀ 花柄の先に漏斗形の花を一つ開く

分 類：多年草
花 期：5～6月
草 丈：5～10cm
分 布：日本全土
漢字名：浜昼顔
別 名：アオイカズラ

長い地下茎が砂の中を這って繁殖し、大群落をつくる

葉は腎円形で先がまるい

グンバイヒルガオ

グンバイヒルガオはサツマイモの仲間で、先端が切れ込んだ軍配形の葉をつけます。花は長い柄の先に1～3個つき、次々開きます。

●スミレ科 **マルバアサガオ**

[Ipomoea purpurea (L.) Roth]

夏

熱帯アメリカ原産の帰化植物。アサガオの仲間で栽培もされているが、野生化しているものもよく見かける。名前どおり葉は円いハート形で分裂しない。葉の腋（わき）から長い花柄（かへい）を伸ばして、1～5個の花をつける。果実は熟すにつれて下向きになる。

▶漏斗形（ろうとけい）の花で径5～8㎝

分　類：1年草
花　期：8～9月
草　丈：2～3m
分　布：本州～沖縄
　　　　（帰化植物）
漢字名：丸葉朝顔

葉は円形でよく茂る

果実は下を向いて熟す

耐寒性が強く、よく結実し、こぼれたタネから野生化している

花期
1
2
3
4
5
6
7
8
9
10
11
12

ヨーロッパで人気があり、最もよく栽培されているアサガオの仲間です。冷涼な気候でも花が咲くのが特徴で、園芸品種もあります。

マルバルコウ

[Quamoclit coccinea (L.) Moench]

●ヒルガオ科

熱帯アメリカ原産で、江戸時代に観賞用に導入されたものが野生化している。蔓が勢いよく伸び、旺盛に広がるので現在では害草となっている。全体に無毛で、枝の先に3〜8個のオレンジ色の花をつける。葉は長い柄をもつハート形で互生する。

◀花は朱赤色で中心が黄色

分　類：1年草
花　期：7〜10月
草　丈：1〜3m
分　布：関東地方以西
　　　　（帰化植物）
漢字名：丸葉縷紅
別　名：ルコウアサガオ

葉は無毛のハート形

道端や畑、草地で雑草化しているが、栽培は見かけない

果実は下向きにつく

長い花筒の先が平らに開き、花を上から見ると5角形で小さなアサガオのようです。この花形から縷紅朝顔と呼ばれることもあります。

● ミツガシワ科

アサザ
[Nymphoides peltata]

夏

スイレンに似た葉は長い柄をもち、水面に浮かぶ。葉の腋（わき）から水面より高く花柄（かへい）を伸ばして、鮮やかな黄色の花を開く。花は深く5裂して、縁が糸状に細かく裂けている。花は一日花（いちにちばな）で、朝開いて午後にはしぼむ。現在は数が減って準絶滅危惧種。

花径（かけい）3〜4cm ▶

分　類：多年草
花　期：6〜8月
草　丈：水深による
分　布：本州〜九州
漢字名：莕菜、荇菜
別　名：ハナジュンサイ

水面から上に出て花が咲く

葉は円形か卵形（らんけい）で基部（きぶ）が凹む

万葉の昔から親しまれた水草だが、大群落を見かけなくなった

花期
1
2
3
4
5
6
7
8
9
10
11
12

名の由来に、沼や池に生える水草で、浅い水の中に生育することから「浅々菜」が転じたという説があります。

オカトラノオ

[Lysimachia clethroides]

●サクラソウ科

丸くて太い茎は分枝せずに直立し、先が尖った長楕円形の葉が互生する。茎の先に上部が傾く花穂をつける。花は一方に偏ってつき、下から順に咲き上がる。太くて長い花の穂をトラの尻尾に見立て、日のあたる丘に生えることが名の由来。

◀花は1cmほどで、先端が深く5裂する

分　類：多年草
花　期：6〜7月
草　丈：60〜100cm
分　布：北海道〜九州
漢字名：丘（岡）虎の尾

葉は長さ6〜13cmで短毛がある

花穂は長さ10〜20cmで、花が下から咲き、先が垂れる

茎はふつう分枝しない

群生しても花穂の上部が同じ方向に垂れ、風にそよぐ、そのやさしげな姿は、獰猛なトラの尾のようにはとても見えません。

ヌマトラノオ
[Lysimachia fortunei]

●サクラソウ科

夏

オカトラノオ（p.172）より全体に小形で、ほっそりしている。太い茎が直立し、長楕円形の細い葉が互生する。茎の先につく花穂（かすい）は細く、直立するが先は垂れない。花は一方に偏らずに多数つく。名の由来は沼地など生える場所と花穂の形から。

5裂して開く花は直径5〜6mmと小さい▶

- 分 類：多年草
- 花 期：7〜8月
- 草 丈：40〜70cm
- 分 布：本州〜九州
- 漢字名：沼虎の尾

葉は長さ4〜8cmで無毛

地下茎（ちかけい）を伸ばして群生（ぐんせい）する

花も葉も小さく、水辺に咲く花は涼しそう

花期
1
2
3
4
5
6
7
8
9
10
11
12

花穂が真っ直ぐ立ち、ついている花も少なく、オカトラノオに比べて楚々として、水辺で見かける姿はやや寂しげです。

ギンリョウソウ

[Monotropastrum globosum]

●ツツジ科

直立した茎の先に、苞葉に包まれた花が1つ下を向いて咲く。褐色の根以外はすべて透き通るような白い色をした植物で、薄暗い林の中などで見かける。葉緑素がなく、腐った落ち葉などから栄養分を吸収するので、腐生植物と呼ばれている。

◀花は、萼片も花びらも白い

分 類：腐生植物
花 期：4〜8月
草 丈：8〜15cm
分 布：日本全土
漢字名：銀竜草
別 名：ユウレイタケ

湿り気のある腐植土に生え、一見するとキノコのように見える　　葉は白いうろこ状で互生

葉が退化して白いうろこ状になります。その葉を竜のうろこに、全体の姿を竜に見立てて名付けられました。幽霊茸の別名もあります。

ミツバ
[Cryptotaenia japonica]

●セリ科

夏

全体に独特の芳香がある。根生葉は長い柄の先に3枚の小葉がつき、根際から横に張り出す。小葉は先のとがった卵形で、柄がなく、縁に鋭い鋸歯がある。茎の上の方が細い枝に別かれて、白い小さな花がまばらにパラパラとつく。花後に楕円形の実をつける。

花がまばらつくので目立たない▶

分　類：多年草
花　期：6〜7月
草　丈：30〜80cm
分　布：北海道〜九州
漢字名：三葉
別　名：ミツバゼリ

葉は3枚の小葉がつく

根生葉

やや湿ったところを好み、林の中や道端で見かける

花期
1
2
3
4
5
6
7
8
9
10
11
12

香りの良い葉をつけ、昔から山菜として親しまれるほか、数少ない日本原産の野菜として、江戸時代から栽培もされています。

セリ

[Oenanthe javanica]

●セリ科

田の畔（あぜ）や小川など水辺でふつうに見かけ、セリ摘みでも親しまれている。白くて太い地下茎（ちかけい）が四方に伸び、節から根を出て群生（ぐんせい）する。軟らかな茎が立ち上がり、枝の先に5弁の白い小さな花が固まって咲く。葉は羽状（うじょう）に裂けた複葉（ふくよう）で、互生（ごせい）する。

◀1〜2mmの小さな花が密に咲く

分　類：多年草
花　期：7〜8月
草　丈：20〜50cm
分　布：日本全土
漢字名：芹

食用にされる頃の若い苗

まるで"競（せ）り"合って生えているように見えるのが名の由来

葉は羽状に裂けた複葉

春の七草のひとつ。古くから食用にされ、『万葉集』にもセリを摘む歌が詠まれています。野生のセリは茎が紫褐色で、良い香りがします。

●セリ科

ドクゼリ
[Oenanthe virosa]

夏

地下に、緑色の太いタケノコのような根茎があるのが特徴。セリ（p.176）にはこのような根茎はない。中空で太い茎の先に小さな白い花が球形に固まって多数咲く。葉は羽状に裂ける複葉で、互生する。生長するとセリよりはるかに大きくなる。

小さな花は花弁が5枚▶

分　類：多年草
花　期：6〜8月
草　丈：60〜120cm
分　布：北海道〜九州
漢字名：毒芹
別　名：ウマゼリ、バカゼリ

葉の小葉はセリより細長い

ドクゼリの根茎とセリの根

小川、水田、溝などでセリと一緒に生えていることも多い

花期
1
2
3
4
5
6
7
8
9
10
11
12

名は、「毒があるセリ」の意味です。全草、特に地下茎が猛毒で、誤食すると死にいたります。水辺に生えるので、セリを摘むときは要注意。

オオフサモ

[Myriophyllum aquaticum (Vell.) Veldc.]

●アリノトウグサ科

大正時代に水草として観賞用に持ち込まれた帰化植物。地下茎が水の中を長く伸び、円柱状の茎を水上に多数立ち上げる。葉腋に花弁のない円筒状の小さな花を開くが実はつけない。葉は糸状に細かく裂け、茎の各節に3〜7枚くらい輪生する。

◀雌しべの腋に白い毛が密生する

分 類：多年草
花 期：5〜6月
草 丈：50〜100cm
分 布：ほぼ日本全土（帰化植物）
漢字名：大総藻
別 名：スマフサモ、ヌマフサモ

葉は羽状に裂けた緑青色

雌雄異株だが日本には雌株のみが帰化している

数枚の葉が輪生する

南米ブラジル原産。水面を覆うほど繁殖するため、外来生物法で特定外来生物に指定され、栽培や販売は禁止されています。

アカバナ科 **アカバナユウゲショウ**
[Oenothera rosea]

夏

明治年間より観賞用に栽培されていたが、現在は野生化して、道端や空き地などで見かける。上部の葉の腋に薄紅色の4弁花を開く。花の中心部は黄色で、花弁に紅色の脈がある。夕方に花を咲かせるのが名の由来だが、昼間もよく咲いている。

花径1～1.5cm。葉の腋に1つ開く▶

分　類：多年草
花　期：5～9月
草　丈：20～60cm
分　布：関東地方以西
　　　　（帰化植物）
漢字名：赤花夕化粧
別　名：ユウゲショウ

葉は卵状披針形で互生

白花もある

街なかの空き地などで見かけ、群生することもある

花期
1
2
3
4
5
6
7
8
9
10
11
12

ユウゲショウとも呼ばれるオシロイバナと区別するために、アカバナユウゲショウといいます。

マツヨイグサ

[Oenothera stricta]

●アカバナ科

南アメリカ原産の帰化植物。直立する茎は紫褐色を帯び、広い線形（せんけい）の葉が互生（ごせい）する。上部の葉の腋（わき）に黄色の花を1つつける。花は夕方に開いて翌朝しぼみ、色が黄赤色にかわる。名は、夕方になると花を開くことから、宵を待つと表現したもの。

◀花弁の中央がややくぼむ

分　類：多年草
花　期：5〜8月
草　丈：50〜90cm
分　布：本州以南（帰化植物）
漢字名：待宵草

葉は線状披針形（せんじょうひしんけい）で互生

植栽されたものが逃げ出して空き地などで野生化している

しぼんだ花は黄赤色

マツヨイグサの仲間では最も早く幕末に渡来しましたが、現在では減少してあまり見かけなくなりました。

夏

メマツヨイグサ。北アメリカ原産。この仲間の中では最も多く見られる。花は夕方開いて翌朝にしぼむが、日中にも咲いているものもある

アレチマツヨイグサ。メマツヨイグサの中で、比較的花が小さく、花弁と花弁の間に隙間があるものをアレチマツヨイグサと呼んで区別することもある

コマツヨイグサ。北アメリカ原産。マツヨイグサ類のなかでは小形。淡黄色の花が夕方に開いて翌朝しぼみ、しぼむと花弁が黄赤色に変わる

ツキミソウ。北アメリカ原産で江戸末期に渡来したが、野生化はしていない。白い花が夜間のみ開花して、翌朝にピンクになってしぼむ

コラム

オオマツヨイグサの開花

オオマツヨイグサは、北アメリカ原産で、ヨーロッパで改良された園芸種だといわれている。この仲間の中では最も大きな花をつける。花は茎の上部に集まってつき、夕方、黄色い火を灯すように咲く。夜間に活動するガを甘い香りで誘い、吸蜜しやすいように横向きに開き、翌朝にはしぼむ。蕾がゆっくり開いていくので、開花の様子が観察できる。

翌朝しぼむ

●アカバナ科

ヒルザキツキミソウ
[Oenothera speciosa]

夏

夕方から咲くマツヨイグサの仲間だが、日中にも花を開いている。茎に細かい軟毛があり、根際で分枝して低く広がる。淡紅色の花は、蕾のときは下を向いてうなだれているが、開花時は上を向いて優雅に咲く。一日でしぼむが次々と多数咲く。

花径6〜7cm。中心が黄色を帯びる▶

分　類：多年草
花　期：5〜7月
草　丈：30〜70cm
分　布：日本全土（帰化植物）
漢字名：昼咲月見草
別　名：モモイロヒルザキツキミソウ

蕾は下を向く

葉は広披針形で深く切れ込む

地下茎が伸びて道端や荒地に広がっている

花期
1
2
3
4
5
6
7
8
9
10
11
12

北アメリカ原産の帰化植物。花が美しいので昭和初期に園芸植物として導入されたものが、街なかの道端などで野生化しているのを見かけます。

オトギリソウ

[Hypericum erectum]

●オトギリソウ科

茎は直立し、上部で分枝した枝の先に黄色い5弁花が集まってつき、円錐状になる。花は朝開いて夕方しぼむ一日花。葉は柄がなく茎に向き合ってつき、全面に黒い点があり、葉を透かして見ると点がよく見える。漢方では止血薬やうがい薬とされている。

◀花弁や萼片に黒い点がある

分　類：多年草
花　期：7～9月
草　丈：20～60cm
分　布：日本全土
漢字名：弟切草

葉にも黒い点がある

草姿は優しげで、茎の先に次々と花を開いていく

葉は広披針形で対生し茎を抱く

秘薬を用いて鷹の傷を治すことで有名な鷹匠（兄）が、秘薬の薬草名を他人に漏らした弟を切ったという伝説が弟切草由来です。

●オトギリソウ科

トモエソウ
[Hypericum ascyron]

夏

全体に大型で黄色の花も大きくよく目立つ。花は日を受けて開き、夕方にしぼむ一日花（いちにちばな）で、雨の日は咲かない。葉は対生する被針形（ひしんけい）で、基部（きぶ）が茎を抱く。葉を透かしてみると半透明の点がみえるが、オトギリソウ（p.184）のような黒い点はない。

花径（かけい）約5cm。多数の雄しべがある▶

分　類：多年草
花　期：7〜8月
草　丈：50〜130cm
分　布：北海道〜九州
漢字名：巴草

披針形の葉は長さ4〜8cm

果実

直立し、よく分枝（ぶんし）する姿は野原でもよく目立つ

花期
1
2
3
4
5
6
7
8
9
10
11
12

5枚の花弁の先がねじれて、巴形に咲くことからこの名があります。花が特徴的なので、オトギリソウ（p.184）とはすぐ見分けられます。

185

オッタチカタバミ

[Oxalis stricta L.]

●カタバミ科

全体に白い毛が多い。直根をもたず、横に這う地下茎(ちかけい)から茎を立ち上げ、斜め上に伸びる柄の先に3枚の小葉(しょうよう)をつける。花は黄色の5弁花で、長い枝の先に数個咲く。上を向いていた花柄(かへい)が、花が終わると水平より下に下がるのが大きな特徴。

◀花弁は楕円形で長さ7〜11mm

分　類：多年草
花　期：4〜10月
草　丈：10〜50cm
分　布：本州〜九州
　　　　（帰化植物）
漢字名：おっ立ち傍食

果柄は斜め下に反り返る

カタバミ(p.187)と違って茎が立ち上がり、茎の上部に葉がつく

葉は茎の上部に集まってつく

北アメリカ原産の帰化植物で、1962年に京都で見つかり、近年急激に増えてあちこちで見かけます。

●カタバミ科

カタバミ
[Oxalis corniculata]

夏

茎が地面を這って広がり、葉の腋(わき)に5弁の黄色い花を上向に開く。花や葉は暗くなると閉じる就眠運動をする。夕方閉じた葉が欠けているように見えるのが名の由来という説がある。3枚つく葉はハート形。全体に赤紫色を帯びたアカカタバミもよく見かける。

花は葉腋(ようえき)から伸びる柄につく▶

分　類：多年草
花　期：5〜9月
草　丈：5〜10cm
分　布：日本全土
漢字名：傍食
別　名：スイモノグサ、カガミグサ

夕方に閉じた葉

アカカタバミ

畑や道端、庭など身近なところで見かける雑草

花期
1
2
3
4
5
6
7
8
9
10
11
12

シュウ酸を含み、葉をかむと酸っぱいのでスイモノグサ、また、昔、この草で鏡を磨いたことからカガミグサなどの別名もあります。

イモカタバミ
[Oxalis articulata]

●カタバミ科

葉はすべて根元から生え、長い柄に3枚の大きな小葉がつく。小葉は先が凹んだハート形。葉より長い、ほぼ直立する花茎の先端に紅紫色の5弁花を多数つける。花の中心は色が濃く、濃紅色のすじが入る。雄しべの葯は黄色で触れると花粉がつく。

◀花茎に10個以上の花がつく

分 類：多年草
花 期：4～10月
草 丈：10～25cm
分 布：本州中部以西
　　　（帰化植物）
漢字名：芋傍食
別 名：フシネハナカタバミ

小葉に毛がある

園芸植物だが、野生化しているのを道端などで見かける

塊茎

南アメリカ原産の帰化植物。地下に芋のような茶色い塊茎があることが名の由来です。塊茎は子芋をつくってふえていきます。

●カタバミ科 **ムラサキカタバミ**
[Oxalis corymbosa]

夏

地下にある小さな鱗茎(りんけい)でふえる。根際から生える葉は長い柄をもち、3枚の小葉(しょうよう)をつける。葉の間から伸びた花茎(かけい)の先端に淡紅紫色(たんこうししょく)の5弁花をつける。花弁にやや濃い紫色のすじがあり、花の中心部は淡黄緑色(たんこうりょくしょく)。雄しべの葯(やく)は白色で、花粉はできない。

花は数個つき、葯は白い▶

分 類	多年草
花 期	5〜10月
草 丈	10〜20cm
分 布	関東〜西日本（帰化植物）
漢字名	紫傍食
別 名	キキョウカタバミ

ハート形の小葉は無毛

鱗茎

観賞用に栽培されたのだが野生化し、畑の雑草でもある

花期
1
2
3
4
5
6
7
8
9
10
11
12

江戸時代の末期に渡来しました。小さな鱗茎が散らばってふえ、各地で野生化し、今では外来生物法で要注意種に指定されています。

189

アメリカフウロ

[Geranium carolinianum]

●フウロソウ科

茎はよく分枝し、下部は這いながら斜めに立ち上がって群生する。葉は対生し、手のひら状に深く切れ込む。葉腋から伸ばした花柄の先端に、淡紅色の5弁花を数輪つける。花弁に通常3本のすじが入る。茎や葉、萼など、全体に細かい毛が密生する。

◀花弁の間から萼片がのぞく

分 類：多年草
花 期：4～9月
草 丈：10～50cm
分 布：本州～沖縄
　　　　（帰化植物）
漢字名：アメリカ風露

未熟の果実

道端や庭、荒地などに生え、春から秋まで次々と花を開く

ロゼット状の根生葉

北アメリカ原産の帰化植物で、昭和の初めに京都で発見されました。現在は畑の雑草になるほど広がって、どこでもよく見かけます。

●フウロソウ科 オランダフウロ
[Erodium cicutarium]

夏

全体に細かい毛が密に生え、茎は基部で分枝し、斜めに立ち上がる。葉は羽状に切れ込んだ複葉で、小葉は更に細かく裂けている。葉腋から長く伸びた花茎の先端に、淡紅色の花をつける。花は5弁花で、萼片の先が剛毛状に尖っている。花柄には毛が生えている。

花弁は5枚で、長さ4〜11mm▶

分 類：多年草
花 期：5〜6月
草 丈：10〜50cm
分 布：日本全土（帰化植物）
漢字名：阿蘭陀風露

小葉が細かく切れ込む

果実はくちばし状

群生することはなく、道端や荒地などにまばらに生える

花期
1
2
3
4
5
6
7
8
9
10
11
12

葉の切れ込みが浅いジャコウオランダフウロなどによく似ていて、各地に帰化していますが、区別がつきにくいのが難点です。

191

ヒメフウロ

[Geranium robertianum]

●フウロソウ科

茎は赤みを帯び、直立して上部で枝分かれする。細かく裂けて対生する葉の腋から細長い柄を出し、先端に淡紅紫色の小さな花を通常2輪ずつつける。花は5弁花で、花弁に濃い紫色のすじが2本入る。全体に細かい毛が密生し、秋の紅葉も鮮やか。

◀花弁は5枚で、花径約1.5cm

分 類：多年草
花 期：5〜8月
草 丈：20〜60cm
分 布：北海道〜本州
　　　（帰化植物）
漢字名：姫風露

葉は細かく分かれる

1年草だがタネがこぼれてよくふえ、最近よく見かける

蕾と若い果実

本州や四国の石灰岩地に見られるヒメフウロとは別に、ハーブとして栽培したものが逃げ出して、道端や草地でよく見かけます。

●アオイ科

ゼニアオイ
[Malva sylvestris var. mauritiana]

夏

太い茎は下部で分枝し、直立する。手のひら状に5〜7に浅く裂けた丸い葉は、長い柄があり互生する。葉のつけ根に、淡紫色で濃い紫色の脈が入った5弁花を数個つけ、下から咲いていく。この花の形を銭に見立てたのが名の由来といわれている。

花径3cmほどで、花弁が凹む▶

分 類	越年草
花 期	6〜8月
草 丈	80〜150cm
分 布	日本全土(帰化植物)
漢字名	銭葵
別 名	コアオイ

円柱形の茎が直立する

大きな葉はほぼ円形

こぼれダネでふえるので、毎年同じ場所で咲くことが多い

花期
1
2
3
4
5
6
7
8
9
10
11
12

ヨーロッパ原産で江戸時代に渡来しました。園芸的な改良はあまりされず、派手さはありませんが、野趣に飛んだ風情があります。

アカツメクサ

[Trifolium pratense]

●マメ科

ムラサキツメクサともいい、花色からシロツメクサ（p.195）と区別してこの名がある。全体に毛がある。茎は直立して枝分かれする。葉は3枚の小葉からなり、表面にV字形の白い斑紋が入ることが多い。小さな蝶形花が球状に集まった花をつける。

◀花枝が短く、花の真下に小葉がある

分　類：多年草
花　期：5〜10月
草　丈：30〜60cm
分　布：日本全土（帰化植物）
漢字名：赤詰草
別　名：ムラサキツメクサ

花は花後も下を向かない

シロツメクサと違って茎が立ち上がって花をつける

シロバナアカツメクサ

ヨーロッパ原産で、明治時代に牧草として入ってきたものが各地に帰化し、日当たりのよい道端や荒地などでよく見かけます。

●マメ科

シロツメクサ
[Trifolium repens]

夏

全体に毛がない。茎はところどころから根を出し、地面を這って群生する。葉は長い柄の先に通常3枚の小葉がつき、葉の中央に緑白色の斑紋が入ることが多い。葉柄よりやや長い花柄の先端に、白色の小さな蝶形花が球形に多数集まって咲く。

1つの花は長さ1cmほど▶

分　類：多年草
花　期：4〜9月
草　丈：10〜20cm
分　布：日本全土(帰化植物)
漢字名：白詰草
別　名：クローバー、オランダゲンゲ

「四つ葉のクローバー」

茎は地面を這う

20cmもある長い柄の先に花を咲かせる。花柄には葉がつかない

花期
1
2
3
4
5
6
7
8
9
10
11
12

クローバーの名でも親しまれ、子どもたちの草花遊びの草の代表格。長いしなやかな柄をからませながら編んで、花の冠をつくりましょう。

195

クサフジ
[Vicia cracca]

●マメ科

蔓状の茎は地面を這うか、巻きひげで絡み付いて1m以上伸びる。葉は羽状複葉で、小葉が8〜12対つく。葉の先端は枝分かれして巻きひげ状に伸びる。葉腋から出る柄に小さな蝶形花が多数集まってつく。花は一方に偏ってつき、下から咲く。

◀青紫色の蝶形花が密につく

分 類：多年草
花 期：5〜9月
草 丈：80〜150cm
分 布：北海道〜九州
漢字名：草藤

小葉は線状披針形

当たりの良い草地や林縁、道端などに生えている

豆果は長楕円形

蔓性の草で、葉も花もフジに似ていることが名の由来。咲き初めは赤みがかっていますが、完全に開くと美しい青紫色になります。

●マメ科

ナヨクサフジ
[Vicia dasycarpa var. Glabrescens]

夏

茎はよく分枝して蔓状になる。葉は羽状複葉で、狭楕円形の小葉が10対ほどついて互生する。葉腋から花柄を出し、蝶形花が多数集まって、クサフジ（p.196）同様偏ってつく。花は基部の筒の部分が細長く、萼筒は丸くふくらんで後ろに突き出る。

花色は濃い鮮やかな紫色▶

分 類	多年草
花 期	5〜9月
草 丈	50〜200cm
分 布	日本全土（帰化植物）
漢字名	なよ草藤
別 名	ヘアリーベッチ

葉の先端は分枝する巻きひげ

緑肥や飼料に栽培されていたものが逃げだし、野生化している

花期
1
2
3
4
5
6
7
8
9
10
11
12

ヨーロッパ原産の帰化植物で、1943年に九州の天草で見つかり、現在は各地に野生化して、在来のクサフジより多く見かけます。

クララ

[Sophora flavescens]

●マメ科

全体に茶褐色の短い毛が生える。円柱状の茎は緑色だが、基部(きぶ)が木質化して直立する。葉は奇数羽状複葉(ふくよう)で、長楕円形の小葉(しょうよう)が15〜35枚ほどついて互生(ごせい)する。茎や枝の先に淡黄色の蝶形花(ちょうけいか)を多数、穂状につける。花穂(かすい)の長さは20〜25cmほど。

◀花は長さ1.5〜1.8cm

分　類：多年草
花　期：6〜7月
草　丈：80〜150cm
分　布：本州〜九州
漢字名：眩
別　名：クサエンジュ

花期
1
2
3
4
5
6
7
8
9
10
11
12

茎は根際から群がり出て、梅雨の後半頃から花が咲き始める

葉は長い柄をもつ羽状複葉

未熟の果実

この植物の根をなめるとあまりにも苦いので、目がくらくらすることから、眩草(くらくさ)と呼ばれたことが名の由来といわれていますが、毒草です。

●マメ科 **コメツブツメクサ**
[Trifolium dubium]

夏

細い茎はよく分枝し地面に広がるか、斜めに低く立ち上がる。葉は3枚の小葉からなり、小葉は倒卵形で先端が軽く凹む。葉より長い枝の先に、黄色の蝶形花が球状に多数集まる。よく似たクスダマツメクサは、球形に集まる花の数が多い。

ほぼ球形に花がつく▶

分 類	多年草
花 期	5〜8月
草 丈	20〜40cm
分 布	日本全土（帰化植物）
漢字名	米粒詰草
別 名	コゴメツメクサ、キバナツメクサ

短い葉柄に小葉が3枚つく

クスダマツメクサ

草地や空き地などに群生し、山地にも入りこんでいる

花期
1
2
3
4
5
6
7
8
9
10
11
12

コメツブツメクサは1930年代、クスダマツメクサは1940年代に見つかった帰化植物です。いずれも街なかの空き地などで見かけます。

シナガワハギ

[Melilotus offcinalis Pallas]

●マメ科

硬い茎はよく枝分かれして直立する。葉は3枚の小葉からなる複葉で、互生する。小葉は長楕円形で、鋸歯がある。葉腋や枝の先端に細い柄を出し、黄色の蝶形花を多数つける。白い花を穂状につけるよく似た仲間のシロバナシナガワハギもある。

◀花序の長さ3〜5cm

分　類	越年草
花　期	5〜10月
草　丈	50〜90cm
分　布	日本全土（帰化植物）
漢字名	品川萩
別　名	エビラハギ

花期
1
2
3
4
5
6
7
8
9
10
11
12

荒地や空き地、道端で見かける。蜜源植物でもある

長楕円形の小葉が3枚つく

シロバナシナガワハギ

東京の品川で最初に発見されたのが名の由来。葉にクマリンを含み、開花期に乾燥させると桜餅のような甘い香りがします。

●マメ科

ナンテンハギ
[Vicia unijuga]

夏

木質で太い根茎から角ばった茎が群がって出る。茎は斜めに立ち上がるか直立し、2枚の小葉からなる羽状複葉が互生する。小葉は先端が尖った卵形。巻きひげはつかない。葉の腋から柄を出し、青紫色の細長い蝶形花を多数つけ、秋の頃まで咲く。

花は10個以上つく▶

分　類：多年草
花　期：6〜10月
草　丈：30〜60cm
分　布：北海道〜九州
漢字名：南天萩
別　名：フタバハギ、アズキナ

小葉は2枚が対になってつく

豆果は狭楕円形

2枚の小葉がペアでつくので、覚えやすい

花期
1
2
3
4
5
6
7
8
9
10
11
12

葉の形がナンテンに、花はハギに似ていることが名の由来で、小葉が2枚ずつつくので二葉萩ともいいます。若葉は食用になります。

201

オヘビイチゴ
[Potentilla kleiniana]

●バラ科

全体に軟毛がある。茎は斜めになって地面に広がり、上部は立ち上がる。根生葉は長い柄があり、5枚の小葉が手のひら状につき、茎につく葉は小さく小葉が1〜3枚となる。花茎の先に黄色の5弁花を多数つける。果実はヘビイチゴ（p.88）のように赤くならない。

◀花弁は5枚で、花径8mmほど

分　類：多年草
花　期：5〜6月
草　丈：20〜40cm
分　布：本州〜九州
漢字名：雄蛇苺

花期
1
2
3
4
5
6
7
8
9
10
11
12

田畑の畦など、やや湿った場所を好み、群生もする

根生葉は小葉が5枚

褐色の果実は小さい

花がヘビイチゴ（p.88）に似て、大形で毛が多いことが名の由来ですが、ヘビイチゴの仲間ではないので、実がイチゴのような形になりません。

●バラ科

カワラサイコ
[Potentilla chinensis]

夏

全体に毛が多い。赤みを帯びた太い茎が根元で枝分かれしながら四方に広がり、上部は斜めに立ち上がる。葉は羽状に深く裂けた複葉で互生する。小葉はさらに細かく裂け、裏面に軟毛が密生して白っぽい。分枝した茎の先に黄色の5弁花をつける。

花弁は倒卵形で先端が浅く凹む▶

分　類：多年草
花　期：6〜8月
草　丈：30〜60cm
分　布：本州〜九州
漢字名：河原柴胡

小葉は15〜29枚ある

根生葉

日当たりのよい河原や海岸の砂地、土手などで見かける

花期
1
2
3
4
5
6
7
8
9
10
11
12

太い根茎がセリ科のミシマサイコの根に似ていることと、この植物が河原に生えることを合わせてカワラサイコという名前になりました。

ダイコンソウ

[Geum japonicum]

●バラ科

全体に軟らかい毛が密生している。茎はまばらに分枝して直立する。根際から出る葉は長い柄をもつ羽状複葉で、先端の小葉が大きく丸みがある。茎につく葉は基部が3裂する。茎の上部の枝先に濃い黄色の5弁花をまばらにつける。果実は球形。

◀花弁は5枚。花が平らに開く

分 類：多年草
花 期：7〜8月
草 丈：25〜60cm
分 布：北海道（南部）〜九州
漢字名：大根草

根生葉

果実

次々と開く花は、秋に入っても咲き続けることもある

根生葉の形がダイコンの葉に似ているので、この名があります。ちなみにダイコンはアブラナ科で白い花が咲き、花弁は4枚です。

●スミレ科

ユキノシタ
[Saxifraga stolonifera]

夏

細い紅色のランナーを伸ばし、その先に新しい小株ができてふえる。葉は腎円形で、葉脈に沿って白色の斑紋が入る。葉の間から花茎を伸ばし、先端に5弁花を多数つける。下の2枚の花弁は大きく、上の3枚の小さな花弁に赤紫色の斑点がある。

◀花はやや横を向いて咲く

分 類：多年草
花 期：5〜6月
草 丈：20〜50cm
分 布：本州〜九州
漢字名：雪の下、虎耳草
別 名：コジソウ、ベコノシタ

円錐状に花がつく

葉は根生葉のみ

湿った場所に群生するほか、人家近くの石垣でも見かける

花期
1
2
3
4
5
6
7
8
9
10
11
12

漢名の虎耳草は、長い毛が生えて斑が入った円い葉を、虎の耳に見立てたものです。花は多数咲きますが、種子はできません。

ツルマンネングサ

[Sedum sarmentosum Bunge]

● ベンケイソウ科

全体に無毛で多肉質。淡紅色を帯びる長い茎が地面を這って群生するが、花をつける茎は立ち上がる。葉は黄緑色で平べったく、やや光沢がある。柄はなく、通常3枚が輪生する。花茎の先端に黄色の5弁花を多数つけるが、一般にタネはできない。

◀ 花弁は5枚で、先端が尖る

分 類：多年草
花 期：5〜7月
草 丈：10〜20cm
分 布：日本全土
漢字名：蔓万年草

花を咲かせる茎は立つ

千切れた枝からも発根して広がる強健な植物

葉は倒披針形で先端が尖る

朝鮮、中国原産で古くから帰化していたといわれています。花をつける前の若い茎葉は和え物などにして食べられます。

● スミレ科 **メノマンネングサ**
[Sedum japonicum]

夏

全体に無毛で多肉質。茎はよく枝を分け、地面を長く這って広がる。葉は厚みのある細長い円柱形で、柄はなく、ややまばらに互生する。茎や葉が紅色を帯びることがある。枝は上部でななめに立ち上がるか直立し、黄色の5弁花を多数つける。

花は上向きに平らに開く▶

分 類：多年草
花 期：5～6月
草 丈：10～20cm
分 布：本州～九州
漢字名：雌の万年草

葉は深緑色

オノマンネングサ

コモチマンネングサ (p.138) に似るが、子持ちにはならない

花期
1
2
3
4
5
6
7
8
9
10
11
12

「雄の万年草」より小形でやさしい感じから名付けられました。雄の万年草の葉は線形で、花をつけない茎が斜めに立ち上がります。

207

コウホネ
[Nuphar japonicum]

●スイレン科

太い根茎が泥中を長く横に這う。光沢のある厚い葉は緑色の長い柄があり、水面上に立ち上がる。夏に、水面から出た花茎の先に黄色の花が上向きにひとつ開く。花弁のように見えるのは萼で、その中に雄しべを囲んで小さな花弁が多数ある。

◀萼は5枚あり、花後に緑色を帯びる

分 類：多年草
花 期：6〜9月
草 丈：水深による
分 布：北海道（西南部）〜九州
漢字名：河骨

葉は長卵形で基部は矢じり形

花期
1
2
3
4
5
6
7
8
9
10
11
12

日当たりの良い小川や沼、池に群落をつくっている

群落の様子

川底を這うワサビ状の根茎を骨に見立てた、あるいは根茎の内部が白く、白骨のようだから、この名がついたといわれています。

●ナデシコ科

マンテマ
[Silene gallica var. quinquevulnera]

夏

全体が粗い毛に覆われる。よく分枝する茎にへら形の葉が互生し、茎の先端に小さな5弁花を穂状につける。花弁の周囲は白色で、中央に濃紅紫色の大きな斑紋がある。白か薄桃色の花で、濃色の斑紋がなく、花弁がやや細長いシロバナマンテマもある。

花は暗紫色で白く縁取られる▶

分　類：1〜越年草
花　期：5〜6月
草　丈：20〜50cm
分　布：本州〜九州
漢字名：なし
別　名：フクロナデシコ

ピンクのシロバナマンテマ

白花のシロバナマンテマ

花が穂状の花序の片側に偏ってつく傾向がある

花期
1
2
3
4
5
6
7
8
9
10
11
12

ヨーロッパ原産の帰化植物。江戸時代に渡来し、庭に植えられたものが逃げ出して海岸や川岸、野原などに群生しています。

夏

ムシトリナデシコ
[Silene armeria]

●ナデシコ科

全体に無毛で、やや緑白色を帯びる。直立する茎はよく分枝し、枝の先端に紅紫色（こうししょく）の5弁花を密につける。茎の上部の節の下に粘液を分泌する部分があり、ここに小さな虫がつく。これが名の由来。葉は卵形（らんけい）で対生（たいせい）し、基部（きぶ）は茎を抱く。白色もある。

◀花が多数集まって傘形に咲く

分　類：1～越年草
花　期：5～6月
草　丈：30～80cm
分　布：北海道～九州（帰化植物）
漢字名：虫取り撫子
別　名：コマチソウ、
　　　　ハエトリナデシコ

褐色の部分が粘液を出す

花期
1
2
3
4
5
6
7
8
9
10
11
12

こぼれたタネでよくふえ、白花も混じって咲いている

筒形の萼（がく）は先に向かって太くなる

ヨーロッパ原産で、江戸末期に渡来しました。ピンクの可憐な花を小町娘（こまちむすめ）に見立てて、小町草の別名があります。

210

●スベリヒユ科

スベリヒユ
[Portulaca oleracea]

夏

全体に無毛で多肉質。赤みを帯びた茎がよく分枝して地面を這い、上部は斜めに立ち上がる。光沢があるへら形の葉が互生し、枝先に黄色の小さな花をつける。花は日が当たると開き、夕方に閉じる。果実は熟すと横に裂けて黒い種子が散る。

5弁花。日差しを受けて咲く▶

分　類：1年草
花　期：7〜9月
草　丈：5〜15cm
分　布：日本全土
漢字名：滑り莧
別　名：ウマビユ

茎が地面を這う

こぼれたタネでよくふえる

夏に強い雑草で、畑や市街地の空き地などでよく見かける

花期
1
2
3
4
5
6
7
8
9
10
11
12

乾燥に強く、梅雨明け頃から畑などにはびこり、有害雑草として農家の人から嫌われています。ぬめりのある若い葉や茎先は食用になります。

211

ヨウシュヤマゴボウ
[Phytolacca americana]

●ヤマボゴウ科

全体に無毛。肥大化する根をもち、赤みを帯びた太い茎が四方に分枝して大株になる。互生する葉は卵状楕円形で先は尖る。茎や枝の先に淡紅色を帯びた白い花を穂状につける。花弁に見えるのは萼で5枚ある。黒紫色に熟す果実は垂れ下がる。

◀花は花弁がなく萼が5枚ある

分　類：多年草
花　期：6〜9月
草　丈：80〜200cm
分　布：本州〜九州（帰化植物）
漢字名：洋種山牛蒡
別　名：アメリカヤマゴボウ

紅葉した葉と果実

北米原産の帰化植物。荒地や道端などでよく見かける

ゴボウのような根

名は、西洋産のヤマゴボウの意味ですが、この植物は有毒で、食べられません。漬物になる山ごぼうはキク科のモリアザミの根です。

●○　　　　●タデ科　　**オオイヌタデ**
[Persicaria lapathifolia]

夏

茎は太く、よく分枝し、節が膨れて赤味を帯びるのが特徴。互生する大きな葉は、先端が長く尖った披針形で多数の葉脈が目立つ。枝先に淡紅色や白色の小さな花が多数穂状について、穂の先端がゆるやかに垂れ下がる。花弁のように見えるのは萼片。

花穂は長さ3〜10cm。先が垂れる▶

分 類：1年草
花 期：6〜11月
草 丈：100〜200cm
分 布：日本全土
漢字名：大犬蓼

茎の節が膨らむ

白花

道端や荒地でよく見かける大形のタデの仲間

花期
1
2
3
4
5
6
7
8
9
10
11
12

イヌタデに似て、それより大形なのが名の由来。2mくらいの高さになり、人家付近で見かける在来種のタデの仲間では最も大きいでしょう。

ギシギシ
[Rumex japonicus]

●タデ科

茎は太く直立する。根生葉(こんせいよう)は長い柄があり、長楕円形。茎の上部につく葉は柄が短い。葉の縁は波打つ。上部で分枝(ぶんし)し、各節に淡緑色(たんりょくしょく)の小さな花が多数輪生(りんせい)する。花弁に見える萼片(がくへん)は6枚で、花後(かご)、内側の3枚の萼片が翼のようになって果実を包む。

◀花弁がなく、緑の萼片が6枚ある

分 類：多年草
花 期：5～8月
草 丈：50～100cm
分 布：日本全土
漢字名：羊蹄

葉は明るい緑色

外来の仲間に追いやられて在来のギシギシは近年少ない

翼に鋸歯(きょし)がある

子どもたちが茎をすり合わせて、ギシギシと音を立てて遊んだことが名の由来ではないか、という説がありますが、定かではありません。

ナガバギシシ。ヨーロッパ原産で明治時代に渡来し、現在では道端や荒地などでふつうに見かける。ギシギシより全体に緑色が濃く、葉の縁が縮んで波打つ

ナガバギシギシの果実。果実を包む萼片（翼）はほぼ円形で、縁にギザギザした鋸歯がないため滑らか。よく似たギシギシは縁に鋸歯があるので、見分けられる

アレチギシギシ。ヨーロッパ原産で、明治38年に横浜で発見された。茎は赤みを帯び、多数の枝を出して横に張り出すが、ほかのギシギシ類よりは痩せて細い

エゾノギシギシ。ヨーロッパ原産の帰化植物。北海道〜九州に野生化してふつうに見かける。翼に数個の棘状のギザギザがあり、翼の中央にある突起は紅色

ミチヤナギ

[Polygonum aviculare]

●タデ科

茎は下からよく分枝し、地面を這うか斜めに立ち上がる。低く広がるので踏み付けにも強い。線状で軟らかい長楕円形の葉が互生し、葉腋に小さな花を1～5個かたまってつける。花弁のように見える萼は5つに裂けた緑色で、縁が白色か淡紅色を帯びる。

◀花弁のように見えるのは萼片

分　類：1年草
花　期：5～10月
草　丈：10～40cm
分　布：日本全土
漢字名：道柳
別　名：ニワヤナギ

葉はほとんど柄がない

道端や空き地、畑の周りなど、身近なところで見かける

よく分枝して広がる

細長い葉がヤナギに似て、道端に生えることが名の由来です。庭でもよく見かけることから庭柳ともいいます。

オシロイバナ
[Mirabilis jalapa]

●オシロイバナ科

夏

茎はよく分枝し、三角状卵形の葉が対生する。枝先に芳香のある花を多数つける。花は漏斗形で花弁に見えるのは萼片。夕刻に開き、夜通し咲く。花後、萼に包まれる黒色の果実をつける。割ると中に白粉のような粉がつまっていることが名の由来。

花から雄しべと雌しべが飛び出る▶

分 類	多年草、1年草
花 期	7〜10月
草 丈	60〜100cm
分 布	北海道〜九州（帰化植物）
漢字名	白粉花
別 名	ユウゲショウ

果実

葉は薄い卵形

夕方4時頃に花を開くので、英名はフォー・オクロック

花期
1
2
3
4
5
6
7
8
9
10
11
12

熱帯アメリカ原産。古くに渡来し、花壇などで栽培されるほか、こぼれたタネからもよく発芽して各地で野生化しています。

ドクダミ

[Houttuynia cordata]

● ドクダミ科

全草に独特の臭気がある。白い地下茎が横に伸びて広がり、軟らかい茎が立ち上がる。ハート形の葉は、やや紅色を帯びた暗緑色で互生する。4枚の白い花弁のような総苞片の上に小さな花が穂状にびっしりついて、黄色い雄しべの葯が目立つ。

◀ 花のように白いのは総苞片

分　類：多年草
花　期：5〜6月
草　丈：20〜40cm
分　布：本州〜沖縄
漢字名：蕺草
別　名：ジュウヤク、ドクダメ

総苞片が多い「八重ドクダミ」

民間薬として利用する人がいるので、家の周りでも見かける

根茎は円柱形で長く伸びる

昔から知られた薬草のひとつで、種々の薬効があることから十薬とも呼ばれています。乾燥させると臭気がなくなり、薬草茶などにします。

● ドクダミ科

ハンゲショウ
[Saururus chinensis]

夏

泥中に白色の地下茎を伸ばし、群落を形成する。茎は直立し、長卵形の葉が互生する。上部の白く変色した葉の腋に、白い小さな花を多数穂状につける。花穂は蕾のときは首が垂れているが、花が咲いていくにつれて徐々に立ち上がっていく。

▶花は花弁も萼もなく、白いのは葯

分　類：多年草
花　期：6〜8月
草　丈：60〜100cm
分　布：本州〜沖縄
漢字名：半夏生、半化粧
別　名：カタシログサ

花穂が出ると葉が白くなる

水辺に生える

茎の上部の葉が数枚、開花時に白くなるのが特徴

花期
1
2
3
4
5
6
7
8
9
10
11
12

夏至から11日目に当たる半夏生の頃に花が咲くのが名の由来です。葉の半分が白くなるので半化粧とも書き、片白草の別名もあります。

ネジバナ
[Spiranthes sinensis]

●ラン科

太い根があり、根際に濃緑色の細長い葉を数枚つける。葉の中心から短い白い毛が生えた花茎(かけい)を伸ばし、横向きについた淡紅色(たんこうしょく)の花が螺旋状(らせんじょう)に下から咲き上がる。花が捩(ねじ)れてつくことが名の由来で、ネジレバナとも呼ばれる。白花も見かける。

◀花穂(かすい)が捩れて見える

分 類：多年草
花 期：6〜8月
草 丈：15〜40cm
分 布：北海道〜九州
漢字名：捩花
別 名：モジズリ

広線形(こうせんけい)の葉が根生(こんせい)する

芝生の中や土手、空き地など日当たりのよい草地で見かける

シロネジバナ

花序(かじょ)が捩れる方向は右巻きと左巻きがあります。捩れ方に特に決まりはありませんが、どちらも同じくらい見つかります。

カンナ
[Canna]

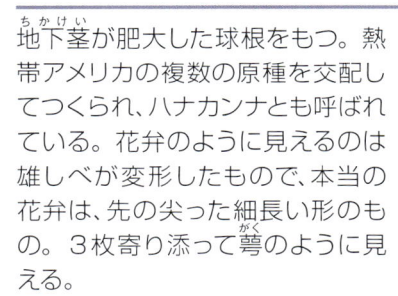

夏

地下茎が肥大した球根をもつ。熱帯アメリカの複数の原種を交配してつくられ、ハナカンナとも呼ばれている。花弁のように見えるのは雄しべが変形したもので、本当の花弁は、先の尖った細長い形のもの。3枚寄り添って萼のように見える。

◀黄花の園芸種

分　類：球根
花　期：6〜10月
草　丈：40〜200cm
分　布：関東地方以西（帰化植物）
漢字名：なし
別　名：ダンドク

カンナ'ピカソ'

ダンドク

直立する茎に、いかにも夏らしい情熱的な花が咲く

花期
1
2
3
4
5
6
7
8
9
10
11
12

> 原種のひとつダンドクは江戸時代に渡来し、沖縄などに野生化しています。それとは別に園芸種も道端などで半野生化しています。

221

ガマ

[Typha latifolia]

●ガマ科

太い茎も葉も人の背丈以上になる。茎の上部に円柱形の花穂(かすい)をつける。花穂の下部につく雌花の集まりは緑褐色、そのすぐ上につく雄花の集まりは黄色い花粉が目立つ。花後(かご)、赤褐色のソーセージのような雌花穂から、綿毛をつけた種子を飛ばす。

◀緑の雌花穂の長さ 10〜20cm

分　類：多年草
花　期：6〜8月
草　丈：150〜200cm
分　布：北海道〜九州
漢字名：蒲

花期
1
2
3
4
5
6
7
8
9
10
11
12

花粉は薬用、茎や葉は敷物や簾(すだれ)、籠(かご)を編む材料

風で飛ぶ「蒲の穂綿」

『古事記』のなかの「因幡(いなば)の白ウサギ」の赤裸にされた皮膚がガマの花粉で回復したという話は有名です。

夏

コガマ。ガマに似て草丈が150cm以下で、花穂が短く葉が細いものをコガマという。一般には区別せずにどちらもガマと呼んでいる

コガマの花穂。本州〜九州に分布し、ガマと同じような場所で見かける。コガマもガマ同様、雄花穂と雌花穂が接してつく。雄花穂の長さは7〜15cm

フイリガマ。葉に淡黄色の縦すじ状の斑が入り、フイリガマと呼ばれているが、ガマではなくコガマの園芸品種。観賞用に栽培される

ヒメガマ。日本全土に分布。ほかのガマ類と違って雌花穂と雄花穂の間が離れてつき、軸が見えるのが特徴。雌花穂は細く、雄花穂は長く10〜30cm

アヤメ

[Iris sanguinea]

夏

● アヤメ科

日当たりの良い、やや乾燥した草原で見かける。葉は剣状で中央の葉脈は目立たず、直立するが花より上には伸びない。直立する花茎の先に紫色の花を数輪つける。花の外側に垂れた3枚の花弁の基部に、黄色地に紫色の網目模様があるのが特徴。

◀花弁の付け根に網目の模様がある

分　類：多年草
花　期：5〜6月
草　丈：40〜60cm
分　布：北海道〜九州
漢字名：菖蒲、綾目

葉は濃緑色。中央の脈が不明瞭

花期
1
2
3
4
5
6
7
8
9
10
11
12

古くから栽培もされ、畑のわきなどに半野生化している

白花アヤメ

『万葉集』や『源氏物語』に登場する菖蒲や菖蒲草は、このアヤメではなく、サトイモ科のショウブ (p.139) のことです。

224

●アヤメ科

カキツバタ
[Iris laevigata]

夏

湿地や水辺に群生する。剣状の葉は幅が広く、中央の葉脈は目立たず、葉先が花より上に出て垂れるなどの特徴がある。外側に垂れた3枚の花弁の基部中央に黄色、または白色のすじが入るので、網目状の模様があるアヤメ（p.224）とは区別できる。

花弁の基部に黄〜白色のすじがある▶

分　類：多年草
花　期：5〜6月
草　丈：50〜80cm
分　布：北海道〜九州
漢字名：杜若、燕子花
別　名：カオヨバナ

水辺を好んで生える

カキツバタ'白さぎ'

万葉集にも登場し、花が美しいので貌佳花の古名がある

花期
1
2
3
4
5
6
7
8
9
10
11
12

花の汁を衣にすりつけて染めたので「書きつけ花」が転化して、カキツバタの名がつきました。「書つけ」はこすり付ける意味です。

キショウブ
[Iris pseudacorus]

●アヤメ科

根際から生える葉は2列に互生し、剣状で長く、中央の葉脈が太く盛り上がって目立つ。枝分かれする花茎の先に鮮黄色の花を2～3個ずつつける。卵形の外側の花弁が垂れ下がり、基部に褐色の網目模様がある。花は一日でしぼむが、分枝するのでいくつも花が咲く。

◀花は直径7～12cm

分　類：多年草
花　期：5～6月
草　丈：60～100cm
分　布：日本全土（帰化植物）
漢字名：黄菖蒲

水辺に生え、自生しているかのようによく見かける

葉は幅1～3cmで細長い

西アジア～ヨーロッパ原産。観賞用に明治の中頃に渡来しましたが、繁殖力が強く、今では外来生物法で要注意種に指定されています。

●アヤメ科 **ニワゼキショウ**
[Sisyrinchium atlanticum]

夏

剣状の細い葉が根際から出る。茎の先に紅紫色、または白色の小さな花をつける。花は星形に開き、6枚の花弁に濃い紫のすじが入り、中央部は黄色。花は一日花で、朝開き夕方には閉じる。近年、青い花をつけるルリニワゼキショウも見かける。

▶花は基部へいくほど色が濃くなる

分 類：多年草
花 期：5〜6月
草 丈：10〜30cm
分 布：日本全土（帰化植物）
漢字名：庭石菖
別 名：ナンキンアヤメ

春は低く葉を広げる

ルリニワゼキショウ

群生し、一日でしおれるが次々と途切れずに花が咲く

花期
1
2
3
4
5
6
7
8
9
10
11
12

北アメリカ原産。明治の中期に園芸植物として導入され、東京の小石川植物園に植えられ、やがて各地に広がったといわれています。

ノハナショウブ

[Iris ensata var. spontanea]

●アヤメ科

剣状の葉が直立するが、花より上には出ない。葉の幅は 0.5〜1.2cmと狭く、中央の葉脈が盛り上がってよく目立つ。直立する花茎の先の苞葉の腋に、赤みを帯びた紫色の花を1つつける。外側の下に垂れた3枚の花弁の基部に、黄色い斑紋がある。

◀花はアヤメ (p.224) より大きい

分　類：多年草
花　期：6〜7月
草　丈：50〜100cm
分　布：北海道〜九州
漢字名：野花菖蒲
別　名：ヤマショウブ、ドンドバナ

葉の中央の脈が目立つ

梅雨の季節に、葉より上に茎を立ち上げて咲く

未熟の果実

名は、野生の花菖蒲という意味です。園芸種のハナショウブはこの花を品種改良したものです。

ヒメヒオウギズイセン

●アヤメ科

[Crocosmia x crocosmiiflora]

夏

葉は細長い剣状（けんじょう）で、茎の下方に集まってつく。葉の間から円柱形の花茎（かけい）を伸ばし、枝分かれした先に、柄のない花が2列に並んで穂状につく。漏斗形（ろうとけい）の花は先が6つに裂け、平らに開いて下から咲き上がる。花色は濃紅色、朱赤色、黄色など様々。

▶花はやや下向きに咲く

分　類：球根
花　期：6〜9月
草　丈：45〜150cm
分　布：関東以西（帰化植物）
漢字名：姫檜扇水仙
別　名：クロコスミア、モントブレチア

よく見かける朱赤色の花

よくふえて、人家の周りの道端や藪（やぶ）の中などで見かける

花期
1
2
3
4
5
6
7
8
9
10
11
12

ヨーロッパで交配されてつくられた園芸植物で、明治の中期に観賞用に渡来しました。繁殖力が強く、野生化した群落も見かけます。

オニドコロ

[Dioscorea tokoro]

●ヤマノイモ科

根茎は太く、多数のひげ根があり横に這う。蔓性の茎に、長い柄をもつ先が長く尖ったハート形の葉が互生する。葉腋の長い花穂に淡黄緑色の小さな花を多数つける。雌雄異株で雄花の穂は直立し、雌花の穂は垂れ下がってつく。葉腋にムカゴはつかない。

◀雄花は立ち上がる穂に多数つく

分　類：多年草
花　期：7〜8月
草　丈：蔓性
分　布：北海道〜九州
漢字名：鬼野老
別　名：トコロ

雌花

雌花は、花後に3枚の翼のついた果実をつける

葉の先が鋭く尖る

古名をトコロヅラといい、『万葉集』や『源氏物語』にも登場し、古くから親しまれています。根茎は苦いので食用にはなりません。

●ヤマノイモ科

ヤマノイモ
[Dioscorea japonica]

夏

円柱形の根茎は多肉質で地下へ深く伸び、食用に利用される。茎は蔓性で、長く伸びてよく分枝し、長卵形の葉が対生する。葉腋から穂状花序を出し、白色の小さな花を多数つける。雌雄異株で、雄花の穂は直立し、雌花の穂は垂れ下がってつく。

◀雄花は立ち上がる穂につく

分　類：多年草
花　期：7〜9月
草　丈：蔓性
分　布：本州〜沖縄
漢字名：山の芋
別　名：ジネンジョ

対生する葉腋にムカゴがつく

葉の先端は長くなって尖る

雑木林や藪などでほかの植物に巻きついている。写真は雌花

花期
1
2
3
4
5
6
7
8
9
10
11
12

里で栽培されるサトイモに対して、山地にあることからこの名があります。山に自然に生える芋なので自然薯ともいいます。

ウバユリ

[Cardiocrinum cordatum]

●ユリ科

葉は長い柄がある卵状長楕円形で、茎の下半分につく。直立する太い茎の先に、緑白色の漏斗形の花が数個横向きにつく。花びらの内側に淡褐色の斑点がある。果実は熟すと3裂し、中の種子が風で飛ぶ。鱗茎は良質のデンプンを含み、食用になる。

◀花は先があまり開かない

分　類：多年草
花　期：7〜8月
草　丈：50〜100cm
分　布：本州
　　　　（宮城県、石川県以西）〜九州
漢字名：姥百合

葉に網目状の脈がある

果実

林の中などで、地味な色の花を咲かせている

花が咲く頃に、葉が朽ちていることが多いことから、"葉なし"と"歯なし"をかけて、老婆の姿を連想して「姥百合」と名付けられました。

●ユリ科

スカシユリ
[Lilium maculatum]

夏

地下の鱗茎から茎を低く立ち上げ、光沢のある披針形の葉が互生する。茎の上部に漏斗形の花が1〜3個上向きに咲く。花を真上から見ると、花びらと花びらの間に隙間がある。そのために上向きに咲いても雨水が溜まらないようになっている。

花びらに赤褐色の斑点がある▶

分　類：多年草
花　期：6〜8月
草　丈：20〜60cm
分　布：本州中部以北
漢字名：透し百合
別　名：イワトユリ

葉は質が厚く、長さ4〜10cm　　岩場や崖に生えることから岩戸百合とも呼ぶ

花期
1
2
3
4
5
6
7
8
9
10
11
12

名の「透かし」は、花びらの基部が細くなって隙間ができ、向こう側が透けて見えることをいい、これが名の由来になっています。

233

タカサゴユリ

[Lilium formosanum]

●ユリ科

台湾原産。観賞用に導入されたものが野生化している。線形の葉が多数つき、花筒が長い漏斗形の花を横向きに開く。外側はかすかに紫褐色を帯び、紫色のすじが入ることが多いが、テッポウユリと交雑して、外側も白い新テッポウユリも見かける。

◀花の内側は乳白色

分　類：多年草
花　期：7〜10月
草　丈：40〜200㎝
分　布：本州以南（帰化植物）
漢字名：高砂百合
別　名：スジテッポウユリ、タイワンユリ、ホソバテッポウユリ

道端、道路の法面、石垣の隙間、空き地などで見かける

未熟の果実

新テッポウユリ

名は戦前の日本では台湾を「高砂国」と呼んでいたことに因んだものです。タネをまくと1年以内で開花します。

●ユリ科

ヤマユリ

[Lilium auratum]

夏

日本が世界に誇る美しいユリのひとつ。直立する茎の先に、漏斗形の大きな花を数輪から十数輪横向きにつける。花は、白色の地に内面に赤褐色の斑点が無数にあり、花びらの中央に黄色のすじが入る。むせるほどの強い芳香がある。鱗茎は食用になる。

花びらの先端が反り返る▶

分 類：多年草
花 期：6〜8月
草 丈：100〜150cm
分 布：本州（中部地方以北）
漢字名：山百合
別 名：ヨシノユリ、エイザンユリ

葉は5本の脈が目立つ

蕾も大きい

大輪の花をつける姿は迫力がある

花期
1
2
3
4
5
6
7
8
9
10
11
12

ユリ類の中では最も大きな花を開き、ユリの王様的存在です。栽培もされ、神奈川県の県花になっています。

235

ノカンゾウ

[Hemerocallis fulva var. longituba]

●ユリ科

葉は根際から2列に生え、細長い線形で上部は垂れ下がる。葉の間から伸ばした花茎は上部が2つに枝分かれして、それぞれに一重咲きの花を10輪前後つける。花がよく似ていて、海岸で見かけるものをハマカンゾウといい、葉は冬でも枯れない。

◀花びらの中央に淡色のすじが入る

分　類：多年草
花　期：7〜8月
草　丈：70〜80cm
分　布：本州以南
漢字名：野萱草
別　名：ベニカンゾウ

若芽

ハマカンゾウ

溝の縁や道端などでオレンジ色の花がよく目立つ

名は、萱草に似ていて、野に咲くという意味。萱草は中国原産で、本萱草と呼ばれている仲間。一重の花を咲かせます。

●ユリ科

ヤブカンゾウ
[Hemerocallis fulva var. kwanso]

夏

野原や人家の近くで見かけるが、古くに中国から持ち込まれたものが野生化したといわれている。ノカンゾウ（p.236）より大型で、葉の幅がやや広い。花は、雄しべが花弁化して八重咲きになり、朝開いて夕方に閉じる。若芽や花蕾は食用になる。

八重咲きで、昼間だけ開く▶

分　類：多年草
花　期：7〜8月
草　丈：70〜90cm
分　布：北海道〜九州
漢字名：薮萱草

若芽

茎の先に八重咲きの花が下から次々と咲いていく

花期
1
2
3
4
5
6
7
8
9
10
11
12

名は藪に生えている萱草という意味で、ノカンゾウより人家に近いところで見かけることを表わしています。

237

ツユクサ

[Commelina communis]

●ツユクサ科

茎の下部は地面を這い、上部は斜めに立ち上がり、先が尖った卵状披針形の葉が茎を抱いて互生する。2つに折りたたまれた苞葉に包まれて花を開く。3枚の花弁のうち、上の2枚が大きく鮮やかな青色。下の1枚は小さく半透明な白色で目立たない。

◀苞の中から花が咲く

分 類：1年草
花 期：6～10月
草 丈：20～60cm
分 布：日本全土
漢字名：露草
別 名：ツキクサ、アオバナ、ボウシバナ

若苗

花は早朝に開き、昼頃にしぼむと花弁はとけてなくなる

ギンスジツユクサ

朝露をおびて咲いている姿から「露草」の名があり、花の汁を衣にすり付けて布を染めたことから、古くは「着草」と呼ばれました。

ムラサキツユクサ
[Tradescantia ohiensis]

●ツユクサ科

夏

全体に白い粉をかぶったような緑白色をしている。茎が群がって立ち、鮮やかな青紫色の花が集まって咲く。花は、同形同大の3枚の花弁が放射状に開き、花の中心の雄しべの黄色がよく目立つ。6本の雄しべには細かい紫色の毛が密生している。

▶3枚の花弁が優雅に開く

- 分　類：多年草
- 花　期：6〜9月
- 草　丈：30〜80cm
- 分　布：ほぼ日本全土（帰化植物）
- 漢字名：紫露草
- 別　名：トラデスカンチア

雄しべに密生する毛

オオムラサキツユクサ

半日花で早朝に開き午後にはしぼむが、夏中次々と咲く

花期
1
2
3
4
5
6
7
8
9
10
11
12

北アメリカ原産で、明治初年に観賞用に渡来し、各地に野生化しています。より大形のオオムラサキツユクサも野生化してよく見かけます。

カラスビシャク

[Pinellia ternata]

●サトイモ科

葉は3枚の小葉からなり、根元から立ち上がり、長い葉柄の途中や先端にムカゴをつける。ムカゴはぽろっと落ちて新しい個体をつくる。葉より高く直立する花茎の先端に、細い仏炎苞をつけ、仏炎苞からは糸状の長い付属体がすっと上に伸びている。

◀仏炎苞は長さ6～7cm

分　類：多年草
花　期：5～8月
草　丈：20～40cm
分　布：日本全土
漢字名：烏柄杓
別　名：ハンゲ、ヘソクリ

ムカゴでもふえる

地下にある球茎

道端や畑などで見かける、駆除が厄介な雑草

漢方薬に使うため、昔、球茎を掘って薬屋に売り、小銭を貯めたのでヘソクリの名もあります。

●イネ科

カゼクサ
[Eragrostis ferruginea]

夏

道端や土手などで見かける。線形の葉は茎の下部に2列に互生して、斜めに立ち上がる。茎は多数群がって出て葉より高くなり、大きな株になる。茎の先に大きな円錐花序をつけ、多数の小穂をつける。小穂は緑色で、次第に赤紫色を帯び光沢がある。

◀紫色を帯びた穂をつける

分　類：多年草
花　期：8〜9月
草　丈：40〜90cm
分　布：本州〜九州
漢字名：風草
別　名：ミチシバ

多くの枝に小穂をつける　　根が丈夫で踏みつけられても枯れない強健な雑草

花期
1
2
3
4
5
6
7
8
9
10
11
12

かつて、中国原産の風知草と間違えたことが名の由来といわれていますが、微風にも穂が揺れるからという説もあります。

カモジグサ

[Elymus tsukushiensis var. transiens]

●イネ科

茎は根元から多数立ち上がり、株立ちとなって群生する。質がやや厚い線形の葉は先が垂れて互生する。穂状の花序は紫色を帯びた緑白色だが、小穂に紫色の長い芒があるのが特徴で、花穂全体が紫色に見える。穂は重みで先が垂れ下がる。

◀穂がアーチ状に緩やかに傾く

分　類：多年草
花　期：5〜7月
草　丈：50〜100cm
分　布：日本全土
漢字名：髢草
別　名：ナツノチャヒキ

紫色の長い芒がある

道端や土手、空き地、畑の周りなどで群落をつくる

穂が細いアオカモジグサ

女の子が若葉で人形の髢（髪）を作って遊んだことが名の由来。穂が緑色のアオカモジグサも同じような場所でよく見かけます。

● イネ科

カラスムギ
[Avena fatua]

夏

ヨーロッパ原産の帰化植物。深緑色で軟らかい円柱形の茎が群がって立ち上がる。扁平で幅の広い線形の葉が互生する。茎の先に円錐状の花穂を出し、まばらに小穂をつける。緑色の小穂は大形で長さ2cm前後、長い芒が2〜3本突き出て下垂する。

円錐花序は長さ15〜30cm▶

分　類：1年草
花　期：5〜7月
草　丈：50〜100cm
分　布：ほぼ日本全土（帰化植物）
漢字名：烏麦
別　名：チャヒキグサ

茎は中空で直立

牧草として導入され、野生化して道端や空き地に群生する

花期
1
2
3
4
5
6
7
8
9
10
11
12

食用にならず、カラスが食べるようなムギだということが名の由来で、古い時代にムギとともに伝来したのではないかといわれています。

コスズメガヤ

[Eragrostis minor Host]

●イネ科

茎は下部で分枝して倒れて、上部が斜めに立ち上がる。線形の葉の基部に白色の長毛が生える。扁平な小穂が密に円錐状につく。小穂は柄が長くやや紫色を帯びる。小穂の柄や茎の節の下などに分泌物を出す腺点があり、独得の臭いを放つ。

◀小穂は扁平で、長さ3〜8mm

分　類：1年草
花　期：8〜9月
草　丈：10〜30cm
分　布：本州〜沖縄（帰化植物）
漢字名：小雀茅
別　名：リトル・ラブグラス

花期
1
2
3
4
5
6
7
8
9
10
11
12

道端や空き地、グラウンドなどで見かける雑草

小穂の数が多く賑やか

ユーラシア大陸原産で、明治年間に渡来した帰化植物です。在来種のスズメガヤによく似て、それより小形なので、この名があります。

●キク科

タカサブロウ
[Eclipta thermalis]

夏

全体に短い剛毛がありざらつく。茎は暗紫色で軟らかく、よく分枝し、横に倒れるかまたは直立して、披針形の葉が茎を抱いて対生する。枝の先や葉腋に筒状花と舌状花からなる頭花をつける。舌状花は白色で2列に並び、中央の筒状花は緑白色。

花径は1cm。白い舌状花が2列に並ぶ▶

分　類：1年草
花　期：7〜9月
草　丈：20〜60cm
分　布：本州〜沖縄
漢字名：高三郎
別　名：モトタカサブロウ

果実

アメリカタカサブロウ 　　　田の畦や水田、溝の縁などでふつうに見かける雑草

花期
1
2
3
4
5
6
7
8
9
10
11
12

果実は冠毛がなく、黒く熟すとぽろぽろと落ちて水に流されてふえます。よく似たアメリカタカサブロウも同じような場所に混生しています。

245

トゲチシャ

[Lactuca serriola L.]

● キク科

赤味を帯びる茎が直立し、やや光沢がある葉がふつう羽状に裂け、茎を抱いて互生する。茎や葉の裏の中央の脈に沿って1列に並ぶ棘があり、葉の鋸歯も棘状になる。上部で分枝する枝の先に黄白色の頭花を多数まばらにつける。花は舌状花のみ。

◀冠毛は白色

分　類：1〜越年草
花　期：7〜9月
草　丈：100〜200cm
分　布：ほぼ日本全土（帰化植物）
漢字名：刺苣
別　名：アレチジシャ

葉は羽状に裂ける

道端や空き地でふつうに見かける棘だらけの雑草

マルバトゲチシャ

ヨーロッパ原産で、野菜のレタスの原種です。1940年代に北海道の小樽で見つかりました。葉が裂けないタイプをマルバトゲチシャといいます。

●キク科

ネコノシタ
[Wedelia prostrata]

夏

よく分枝する茎は長く地面を這いながら、四方に伸びて群落をつくる。茎の上部は斜めに立ち上がり、光沢のある厚い葉が対生する。葉の両面に短い剛毛があってざらつく。分枝した枝の先に、花径2cmほどの黄色い花が1つずつ上向きに開く。

▶花は舌状花も筒状花も黄色

分　類：多年草
花　期：7〜10月
草　丈：10〜60cm
分　布：本州
　　　　（関東・北陸以西）〜沖縄
漢字名：猫の舌
別　名：ハマグルマ

茎が長く這う

葉の表面は3本の脈が目立つ

蔓状の茎は重なり合うように砂地を覆って広がる

花期
1
2
3
4
5
6
7
8
9
10
11
12

葉に毛が生えていてネコの舌のようにざらつくのが名の由来。浜に生え、花を真上から見ると「車」のように見えるので、別名は浜車。

カラスウリ

[Trichosanthes cucumeroides]

●ウリ科

節から出る巻きひげが周囲の植物などに絡まりながら伸びる。3～5に浅く裂けた卵状心形の葉が互生する。葉の表面は毛が密生してざらつく。雌雄異株で、夏に日没後から白い5弁花を開く。花の縁がレース状に裂けて、夜明け前にはしぼむ。

◀巻きひげを出し、葉は手のひら状に裂ける

分 類：多年草
花 期：8～9月
草 丈：蔓性
分 布：本州～九州
漢字名：烏瓜
別 名：タマズサ

果実は朱赤色で長さ5～7cm

根は紡錘形で大きい

夜、甘い香りを漂わせながら純白の花が開く

花が咲いているのが夜だけなので、昼間のうちに開花する蕾を見つけておき、優雅に開く花を観察してみましょう。

●ウリ科

キカラスウリ
[Trichosanthes kirilowii var. japonica]

夏

葉はほぼ無毛で光沢があり、黄色みが強い淡緑色。雌雄異株（しゆういしゆ）で、雄花は数個が穂状につき、雌花は1つつく。花は夕刻に開き、翌朝に閉じるが、5裂した花弁の先が横に広がり、レース状の部分がカラスウリ（p.248）より短い。果実は大きく、黄色に熟す。

花の縁のレース状の裂片が太くて短い▶

分　類：多年草
花　期：8～9月
草　丈：蔓性
分　布：北海道～九州
漢字名：黄烏瓜

果実は長さ10cm

林の縁や薮（やぶ）に生え、花は翌日昼近くまで開いていることもある

花期
1
2
3
4
5
6
7
8
9
10
11
12

地下にデンプン質を多く含む芋状の根茎があります。このデンプンを天瓜粉（かふん）と呼び、汗疹（あせも）や湿疹などの薬にします。

ヘクソカズラ

[Paederia scandens]

●アカネ科

葉や茎を揉むと、独特の臭気があり、一度嗅ぐと忘れられない植物になる。茎は基部で木質化して蔓になり、長卵形の葉が対生する。枝先や葉の腋に鐘形の花をつける。花は灰白色で、中心は赤紫色。球形の果実は光沢のある黄褐色で、次第に茶褐色に熟す。

◀花の先がふつう5つに浅く裂ける

分　類：多年草
花　期：8〜9月
草　丈：100〜200cm
分　布：日本全土
漢字名：屁糞蔓
別　名：ヤイトバナ、サオトメカズラ

夏は筒形の花、晩秋から冬は黄褐色の果実を見かける

葉は柄をもち対生する

熟した果実

葉や茎、果実を揉んだり潰すと悪臭を放つのでこの名前がつきました。『万葉集』には屎葛の名で詠まれています。

●ナス科 **ヒヨドリジョウゴ**
[Solanum lyratum]

夏

有毒植物。全体に密に毛が生えている。軟らかい茎は蔓状になり、まばらに分枝する。葉は薄い卵形で、下部の葉は2〜3裂する。葉は対生して、白色の花を下向きにつける。花の先が深く5つに裂け、花びらが次第に後方に反り返る。果実は球形で赤色に熟す。

花冠が深く5裂し、裂片が反り返る▶

分　類：多年草
花　期：8〜9月
草　丈：100〜300cm
分　布：日本全土
漢字名：鵯上戸

多数の果実がつく　　　野原や、空き地、道端などでほかの植物に絡み付いている

花期
1
2
3
4
5
6
7
8
9
10
11
12

花よりも秋につくみずみずしい赤い果実のほうがよく目立ちます。ヒヨドリがこの実を好んで食べることが名の由来ですが、全草、特に実が有毒です。

ハッカ

[Mentha arvensis var. piperascens]

●シソ科

全体に特有の芳香がある。根元から地下茎を伸ばして広がる。まばらに分枝する茎は四角ばって、葉と共に軟毛が生える。長楕円形の葉が対生し、葉の腋に輪状に淡紫色の小さな花をつける。花は鐘形で、先端が4つに裂け、長い雄しべが花から突き出る。

◀小さな花が節ごとに球状に集まる

分　類：多年草
花　期：8〜10月
草　丈：20〜60cm
分　布：北海道〜九州
漢字名：薄荷
別　名：メグサ

湿地や溝の脇、田の畦などで見かける

茎や葉に軟毛がある

目が疲れたとき、この草の葉を揉んでまぶたに当てたので、目草や目貼草、目ざめ草とも呼ばれています。

メハジキ
[Leonurus sibiricus]

●スミレ科

夏

全体に白色の短毛が密生する。角ばった茎が直立し、細かく切れ込んだ葉が対生する。茎の上部の葉の腋に、淡紅紫色の唇形花を数個ずつ段状につける。花の内側に紫色のすじ状の模様が入り、外側は白い毛が密生する。花後、筒状の萼が褐色に染まる。

花は唇形花で長さ1cm ▶

分　類：越年草
花　期：7〜9月
草　丈：50〜150cm
分　布：本州〜沖縄
漢字名：目弾き
別　名：ヤクモソウ

葉は羽状に深裂する

花後、萼が褐色になる

道端や草地に生えるが、数が減り、あまり見かけなくなった

花期
1
2
3
4
5
6
7
8
9
10
11
12

昔、子どもたちが短く折った茎を弓形に曲げて、まぶたにはさみ、目を大きく見開かせて遊んだことから「目弾き」の名があります。

ガガイモ
[Metaplexis japonica]

●ガガイモ科

地下茎を長く伸ばして繁殖し、茎や葉を切ると白い乳液が出る。蔓性の茎に、光沢がある葉が対生する。葉の腋から長い柄を出し、淡紫色の花を穂状に数個つける。花の先は5つに裂けて反り返り、内側に白色の細毛が密生する。イボイボのある果実をつける。

◀シロバナガガイモ。花は星形に開く

分　類：多年草
花　期：8月
草　丈：100～300cm
分　布：北海道～九州
漢字名：蘿藦

葉は長いハート形

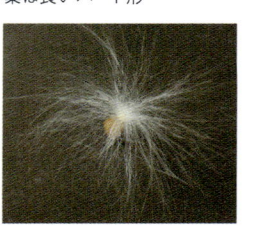

種子

草地や土手、道端などで、ほかの植物に絡まっている

茎葉を傷つけると出る白い汁液でかぶれることがありますから、肌につけないように注意しましょう。

●アカバナ科

アカバナ
[Epilobium pyrricholophum]

夏

茎は円形でよく分枝して直立する。先が尖った細長い卵形の葉が下部では茎を抱いて対生し、上部では互生する。茎の上部の葉腋に淡紅紫色の4弁花をつける。花の下の花柄のように見える棒状のものは細長い子房で、これが花後に果実になる。

花弁は4枚で先端が浅く2裂する▶

分　類：多年草
花　期：7〜9月
草　丈：30〜70cm
分　布：北海道〜九州
漢字名：赤花

棒状の果実に粘る毛がある　　水辺や水田に群生し、開花時から茎の下部の葉が色づく

花期
1
2
3
4
5
6
7
8
9
10
11
12

名は、花が赤いからではなく、秋に茎や葉が赤く色づくことから付いたといわれ、美しい「草紅葉」が楽しめます。

ミズキンバイ

[Ludwigia stipulacea]

●アカバナ科

水中に生え、花がキンポウゲ科のキンバイソウに似ていることが名の由来。泥中の地下茎から茎が立ち上がり、つやのある葉の腋に、1つずつ鮮黄色の花を開く。花弁は4～5枚あり、先が少し凹んでいる。一日花で、日が当たると開き、午後には散る。

◀花は葉腋に1つ咲く。花径2～2.5cm

分　類：多年草
花　期：7～9月
草　丈：30～70cm
分　布：北海道～九州
漢字名：水金梅

水田などで、泥中に地下茎を長く伸ばして広がる

葉は長楕円形で互生する

以前は水面を覆うほど群生しましたが、埋め立てや除草剤などの影響で少なくなり、絶滅危惧種に指定されています。

ヒシ

[Trapa japonica]

夏

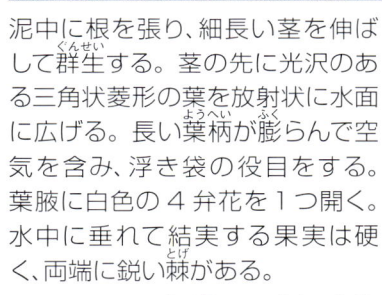

泥中に根を張り、細長い茎を伸ばして群生する。茎の先に光沢のある三角状菱形の葉を放射状に水面に広げる。長い葉柄が膨らんで空気を含み、浮き袋の役目をする。葉腋に白色の4弁花を1つ開く。水中に垂れて結実する果実は硬く、両端に鋭い棘がある。

花は径1cmで、水上で咲く▶

分　類：1年草
花　期：7〜10月
草　丈：水深による
分　布：北海道〜九州
漢字名：菱

葉は長さ幅ともに3〜6cm

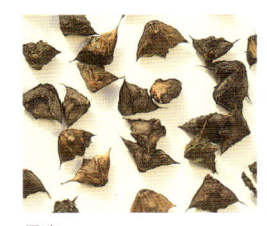

果実

『万葉集』にも詠まれ、水面に浮かんで四方に葉を広げる

花期
1
2
3
4
5
6
7
8
9
10
11
12

果実の形が、押しつぶしたようなひしげた形をしているのが、名の由来といわれています。果実は古くから食用にされ、クリのような味がします。

257

夏

ミソハギ
[Lythrum anceps]

●ミソハギ科

全体に無毛。四角ばった茎が直立して上部で枝を分け、広披針形の葉が対生する。枝の上部の葉の腋に、紅紫色の小さな花がかたまってつき、やや穂状に咲いていく。全体に短毛があり、ミソハギよりやや大きめの花をつける、エゾミソハギもよく見かける。

◀花は下から咲き上がる

分　類：多年草
花　期：6月中旬～9月上旬
草　丈：60～90cm
分　布：北海道～九州
漢字名：禊萩
別　名：ボンバナ

無毛の葉が対生する

エゾミソハギ

花期
1
2
3
4
5
6
7
8
9
10
11
12

湿地などに群生しているほか、庭にも植えられている

古くからお盆の仏壇などに飾るので、盆花や精霊花とも呼ばれています。

●ブドウ科

ノブドウ

[Ampelopsis glandulosa var. heterophylla]

夏

茎は基部で木質化し、植物に絡みながら長く伸びる。互生する葉に向かい合って、二又に分かれる巻きひげを出すのが特徴。葉はハート形で変異が多いが、普通3〜5裂する。果実は熟すと光沢のある紫や青色に色づく。虫が寄生して、粒の大きさが不揃いになる。

淡緑色の小さな5弁花をつける▶

分　類：多年草
花　期：7〜8月
草　丈：200〜300cm
分　布：日本全土
漢字名：野葡萄

果実

巻きひげで絡む

1つの房に、緑、白、紫、青などさまざまな色の実がつく

花期
1
2
3
4
5
6
7
8
9
10
11
12

名は「野山に生えるブドウ」の意です。果実にハエやハチの幼虫が寄生して虫こぶになっているため、ブドウの名がついていても食べられません。

ヤブガラシ

[Cayratia japonica]

● ブドウ科

地下茎を伸ばし、いたるところから芽を出し、巻きひげで絡みながら広がる。若芽は茎の赤みが強く、先が曲がる独特の形。葉は5枚の小葉に分かれた複葉で、葉の反対側に緑色の小さな花をつける。花は朝開き、半日で緑色の花弁は落下する。

◀緑色の花弁が4枚。橙色の花盤が目立つ

分　類：多年草
花　期：6〜9月
草　丈：200〜800cm
分　布：日本全土
漢字名：藪枯らし
別　名：ヤブカラシ、ビンボウカズラ

若芽

道端や藪、畑、フェンス沿いなどで盛大に繁茂している

柄が長く5枚の小葉がつく

藪を枯らすほどの勢いで繁茂するのが名の由来で、ビンボウカズラとも呼ばれています。

● トウダイグサ科

エノキグサ
[Acalypha australis]

夏

葉が樹木のエノキの葉に似ていることが名の由来。茎は下部でよく枝分かれして直立し、柄の長い卵状長楕円形の葉が互生する。葉の腋（わき）に細長い花序（かじょ）を出し、上部に赤褐色の雄花が穂状につき、下部に三角状卵形の苞葉（らんけい）（ほうよう）に包まれた雌花をつける。

エノキの葉に似た葉が互生する▶

分　類：1年草
花　期：8～10月
草　丈：20～40cm
分　布：日本全土
漢字名：榎草
別　名：アミガサソウ

穂状の雄花とその下の雌花　　道端や空き地、畑などでよく見かける雑草

雄花の基部（きぶ）に苞葉があって、雌花を包み、果期には果実を包みます。この二つに折れた苞葉の形が編笠に似ているので編笠草（あみがさそう）の名もあります。

花期
1
2
3
4
5
6
7
8
9
10
11
12

コミカンソウ

[Phyllanthus urinaria]

●トウダイグサ科

紅赤色を帯びた角ばった茎が直立して小枝を横に広げ、楕円形の葉が互生する。葉が枝の左右につくので一見すると複葉のように見える。小枝の上部に雄花、下に雌花が下向きにつく。枝の下に並ぶ果実は偏球形で、赤褐色を帯び、表面はつぶつぶしている。

◀葉が規則正しく互生する

分 類：1年草
花 期：7〜10月
草 丈：15〜30cm
分 布：本州〜九州
漢字名：小蜜柑草

ヒメミカンソウ

ナガエコミカンソウ

赤褐色の果実が小さなミカンのようなので、この名がある

茎は直立せず、斜めに傾いて立つヒメミカンソウ、星形の花も果実も、長い柄につながっているナガエコミカンソウなどもよく見かけます。

●マメ科

カワラケツメイ
[Cassia nomame]

夏

細い茎は硬くて短毛が生え、わずかに枝分かれする。短い柄をもつ羽状複葉の葉は、樹木のネムノキの葉に似て、夜は閉じる。葉の腋に5弁花を1〜2個ずつつける。花はマメ科特有の蝶形花にはならない。花後に扁平な広線形の豆果を結び、熟すと2つに裂ける。

ウメのような花形になる▶

分　類：1年草
花　期：8〜9月
草　丈：30〜60cm
分　布：本州〜九州
漢字名：河原決明
別　名：マメチャ、ネムチャ

葉は長さ3〜7cmで互生

道端や河原、草地で見かけ、葉や種子をお茶にする

花期
1
2
3
4
5
6
7
8
9
10
11
12

「決明」は薬用に栽培されるエビスグサの中国名です。この決明の仲間で、河原に生えるのが名の由来です。

クサネム

[Aeschynomene indica]

●マメ科

軟らかな円柱形の茎は無毛でよく分枝し、短い柄をもつ偶数羽状複葉の葉が互生する。葉がカワラケツメイ(p.263)に似るが、それより軟らかい。葉の腋に短い花序を出し、小さな蝶形花を2～3個ずつ開き、花後に、6～8個の節がある広線形の豆果をつける。

◀上側の花弁に赤褐色の斑点がある

分 類：1年草
花 期：8～10月
草 丈：50～90cm
分 布：日本全土
漢字名：草合歓

羽状複葉の葉

田の畦や河川敷などの湿ったところで見かける

豆果は長さ3～5cm

名は、「草のネムノキ」を略したもので、軟らかな葉が樹木のネムノキに似ています。葉は、カワラケツメイ(p.263)同様、夜は閉じます。

●マメ科

コマツナギ
[Indigofera pseudotinctoria]

夏

よく枝分かれする茎が地面を這うように伸び、基部(きぶ)は木質化する。葉は7〜11枚の小葉をつけた奇数羽状複葉(うじょうふくよう)で、互生する。小葉の両面には軟らかい毛が生えている。葉腋(ようえき)から花序(かじょ)を出し、淡紅紫色(たんこうししょく)の蝶形花(ちょうけいか)を多数つけ、下から咲き上がる。豆果(とうか)は円柱形。

花は3cm程度の短い花穂(かすい)につく▶

分　類：小低木
花　期：7〜9月
草　丈：50〜90cm
分　布：本州〜九州
漢字名：駒繋

小葉は楕円形

茎は細いが、根がよく張り引っ張ってもなかなか抜けない

花期
1
2
3
4
5
6
7
8
9
10
11
12

草本状の小低木ですが、根がよく張って茎が丈夫なことから、「駒(=馬)を繋ぐ」こともできるだろうというのが名の由来です。

メドハギ
[Lespedeza cuneata]

●マメ科

細く角張った茎が立ち上がり、上部でよく分枝し、3枚の小葉からなる複葉が密につく。小葉は倒披針形で、裏面に白色の短毛が密生する。上部の葉腋に蝶形花が集まって咲く。花は黄白色で基部に紫色の斑がある。豆果はほぼ円形、中に種子が1個入っている。

◀葉の腋に2～3個ずつ花がつく

分　類：多年草
花　期：8～10月
草　丈：60～100cm
分　布：日本全土
漢字名：蓍萩、筮萩

花期
1
2
3
4
5
6
7
8
9
10
11
12

茎の下部が木質化して木のように見え、箒状になる

葉が密に互生する

名は、蓍（筮）萩が詰まったもの。蓍は占いに用いる筮竹のことで、現在はタケを使いますが、もとはこの植物の茎を使ったことから名付けられました。

●マメ科

ヤハズソウ
[Kummerowia striata]

夏

細く丈夫な茎は根元でよく分枝し、地を這いながら広がる。上部は斜めに立ち上がり、下向きに生える毛がある。長楕円形の3枚の小葉からなる葉が互生する。小葉には斜めに入る葉脈が多数あり、よく目立つ。葉腋に淡紅紫色の小さな蝶形花を1〜2個つける。

蝶形花が葉腋に1〜2個つく▶

分 類：1年草
花 期：8〜10月
草 丈：10〜30cm
分 布：日本全土
漢字名：矢筈草

葉が矢筈形に切れる

道端や空き地、野原などでふつうに見かける小形の草

花期
1
2
3
4
5
6
7
8
9
10
11
12

名の「矢筈」は矢の端にある弓のつるを受ける部分。小葉の先を引っ張ると、V字形にちぎれて矢筈の形になり、これが名の由来です。

タケニグサ

[Macleaya cordata]

●ケシ科

全体に粉白色を帯び、茎は中空で切ると橙色の汁が出る。広卵形の大きな葉が羽状に裂けて互生する。茎の先に円錐花序をつくり、小さい花を密につける。花は花弁がなく、多数の雄しべと1本の雌しべがある。果実は平べったく、縦に割れて種子を出す。

◀蕾を包むのは2枚の萼片

分 類：多年草
花 期：6〜8月
草 丈：100〜200cm
分 布：本州〜九州
漢字名：竹似草
別 名：チャンパギク

橙色の汁は有毒

草丈が高く、大きな円錐花序に花を多数つける

実は細長い楕円形

背丈を越える高さで何本も群生し、雑草として嫌われていますが、欧米では観賞用に庭園で栽培されています。

●スイレン科

オニバス
[Euryale ferox]

夏

全体に棘がある。1m以上にもなる巨大な円形の葉を水面に広げる。葉はしわがあり、表面は光沢のある濃緑色、裏面は赤紫色。両面の脈上に硬く鋭い棘が多数ある。水上に突き出る花茎に、直径4cmの鮮紫色の花を1つつける。花は早朝に開き、夜は閉じる。

花の外側に棘がある緑褐色の萼がある▶

分　類：1年草
花　期：8～10月
草　丈：100～250cm
分　布：本州～九州
漢字名：鬼蓮
別　名：ミズフブキ、ミズブキ

葉の表面にしわが多い

巨大な水草。大きな葉を突き破って顔を出す花もある

花期
1
2
3
4
5
6
7
8
9
10
11
12

水生植物は水質の悪化に弱いものが多いのですが、オニバスも激減し、絶滅危惧種に指定されています。

ハマナデシコ

[Dianthus japonicus]

●ナデシコ科

太い茎は下部で木質化する。強い日差しや潮風を受ける海辺の生育に適応できるように、光沢がある厚い葉をつけるのが特徴。根生葉の中から数本の茎が立ち上がり、多数の花が集まって咲く。花は紅紫色(こうしショク)の5弁花で、花弁の先端が浅く細かに切れ込む。

◀1茎に咲く花が多く、密集して咲く

分　類：多年草
花　期：7～10月
草　丈：15～50㎝
分　布：本州～九州
漢字名：浜撫子
別　名：フジナデシコ

海岸の岩場などに生えるほか、庭にも植栽される

葉は対生する

海辺に生えることが名の由来で、花色が藤色に近い紫紅色なので、フジナデシコの別名もあります。

●スベリヒユ科

ハゼラン
[Talinum triangulare]

夏

花が午後3時頃に咲いて、まもなくしぼんでしまうことから3時花や3時草とも呼ばれる。全体に多肉質で無毛。円柱形の茎はまばらに分枝し、大きな円錐花序をつくり、紅紫色の小さな花を多数つける。大きな葉は下の方につく。球形の果実は赤褐色で光沢があり、美しい。

雄しべの黄色い葯がよく目立つ▶

分　類：1年草
花　期：7～9月
草　丈：15～80cm
分　布：本州～沖縄（帰化植物）
漢字名：爆蘭、米花蘭
別　名：サンジソウ、ハナビグサ

葉は楕円形で軟らか

球形の果実

丈夫で、こぼれたタネから発芽し、道端などで見かける

花期
1
2
3
4
5
6
7
8
9
10
11
12

熱帯アメリカ原産。明治の初めに観賞用に導入されました。丸い果実がサンゴのように見えることから、英名はコーラルフラワー。

ケアリタソウ
[Chenopodium ambrosioides]

●アカザ科

全体にミントを思わせる匂いがある。直立する茎はよく分枝し、細長い葉が互生する。葉の腋に穂状に小さな緑色の花を多数つける。花穂には葉のような小さな苞葉がつき、その腋に花がかたまってつく。葉の切れ込みが深く、花穂が長いアメリカアリタソウもある。

◀白く見えるのは雄しべ

分　類：1年草
花　期：7～11月
草　丈：50～100㎝
分　布：本州～九州
　　　　（帰化植物）
漢字名：毛有田草

葉に粗い鋸歯がある

葉や茎に毛があり、道端や荒地でよく見かける雑草

アメリカアリタソウ

花期
1
2
3
4
5
6
7
8
9
10
11
12

薬用植物として、かつて佐賀県の有田で栽培されていたことから、有田草といいます。全体に毛が多いタイプを、毛有田草と呼んでいます。

●アカザ科

ゴウシュウアリタソウ
[Chenopodium pumilio]

夏

全体に短い毛が密生する。茎は根元からよく分枝(ぶんし)して地面に広がり、のちに上部が斜めに立ち上がる。やや光沢がある質の厚い葉が互生(ごせい)する。葉の腋(わき)に黄緑色の花が密集し、かたまりになってつく。花には花弁がなく、5枚の萼片(がくへん)が花後(かご)も残って実を包む。

◀葉の腋にかたまって花がつく

分 類：1年草
花 期：7〜9月
草 丈：15〜40cm
分 布：ほぼ日本全土
　　　（帰化植物）
漢字名：豪州有田草

葉の縁に深い鋸歯(きょし)がある　　ケアリタソウ（p.272）同様、臭いのある小形の雑草

花期
1
2
3
4
5
6
7
8
9
10
11
12

アリタソウの仲間で、オーストラリア（豪州(ごうしゅう)）原産が名の由来です。発芽後早くから花が咲いてタネを結びふえるので、畑では嫌われる野草です。

イタドリ
[Reynoutria japonica]

●タデ科

中空で太い茎が直立するか、斜めに立ち上がり、卵形の葉が互生する。枝の先や葉の腋に、白色の小さな花が円錐状に多数集まる。花に花弁はなく、花弁状の萼が5裂し、8本の雄しべが突き出る。円柱形の若い茎は紅紫色の斑点があるタケノコ状で、山菜で有名。

◀花弁のように見えるのは萼片

分　類：多年草
花　期：7～10月
草　丈：50～150㎝
分　布：北海道～九州
漢字名：虎杖
別　名：スカンポ、ドングイ

若芽

雌雄異株。雌花は花後、翼のある白い果実をつける

葉の先が尾状に尖る

タケノコに似た若い茎を折るとポコッと小気味良い音がします。皮をむいてかじると、さわやかな酸っぱい味が口中に広がります。

●タデ科

オオイタドリ
[Reynoutria sachalinensis]

夏

イタドリ（p.274）に似ているがより大形。太い茎は中空で、よく分枝して弓なりに伸び、広卵形の大きな葉が互生する。葉の裏面は粉白色を帯びる。茎先や葉の腋に円錐状花序を出し、白色の小さな花を多数つける。雌雄異株で、雌花は花後に果実を包む。

▶萼が5裂して花弁のように見える

分　類：多年草
花　期：8〜9月
草　丈：1〜3m
分　布：北海道〜本州
　　　　（中部以北）
漢字名：大虎杖

翼のある果実

葉の基部はハート形

林縁や空き地、道端などに群生し、若芽は山菜になる

花期
1
2
3
4
5
6
7
8
9
10
11
12

イタドリは、若葉を揉んで切り傷に当てて「痛みをとる」民間療法が名の由来といわれています。そのイタドリよりも全体に大形なのでオオイタドリといいます。

オオケタデ
[Persicaria pilosa]

●タデ科

全体に毛が密生している。茎は太く、よく分枝して直立し、先の尖った大きなハート形の葉が互生する。茎や枝の先に紅紫色の小さな花を穂状に密につける。花穂は太い円柱形で、先端が弓なりに垂れ下がるのが特徴。花弁のように見えるのは 5 深裂した萼片。

◀花穂の太さは 1cm。穂先が垂れる

分　類：1 年草
花　期：7 〜 10 月
草　丈：100 〜 200cm
分　布：ほぼ日本全土（帰化植物）
漢字名：大毛蓼
別　名：トウタデ、ハブテコブラ

葉の長さ 10 〜 20cm

古い時代に渡来し、性質が強く、こぼれた種子で野生化している

茎は太く、托葉は筒型

中国南部、東南アジア原産の帰化植物です。全体に毛が多いことから大毛蓼といいます。

タデ類で、大形であること、

● ○　　　●タデ科

ミゾソバ
[Persicaria thunbergii]

夏

茎や葉に下向きの短い棘（とげ）が生えて触れるとざらざらする。茎の下部は地面を這（は）い、上部は直立して卵状三角形の葉が互生（ごせい）する。上部で分かれた枝先に小さな花が10個ほど金平糖（こんぺいとう）のように集まって咲く。白色で先が淡紅色（たんこうしょく）をおびた萼片（がくへん）が花弁のように見える

花弁がなく、萼片が5裂している▶

分　類：1年草
花　期：7〜10月
草　丈：30〜80cm
分　布：北海道〜九州
漢字名：溝蕎麦
別　名：ウシノヒタイ

溝に群生（ぐんせい）する

シロバナミゾソバ

茎の下部が地を這い、節から根を出して群生する

花期
1
2
3
4
5
6
7
8
9
10
11
12

名は、溝に生えるソバに似た草の意味です。葉の表面に黒紫色の八の字の斑紋（はんもん）が入るものや、花の白いものなどもあります。

クワクサ

[Fatoua villosa]

●クワ科

茎は下部からよく分枝して直立し、卵形の薄い葉が互生する。葉の縁は鈍い鋸歯があり、両面に短毛が生えてややざらつく。雌雄同株。葉の腋の短い花序に雄花と雌花が混じって密につく。どちらも花弁を持たない小さな花で、淡緑色、ときに紫色を帯びる。

◀雄花と雌花が混じってついている

分 類：1年草
花 期：8〜10月
草 丈：30〜80㎝
分 布：本州〜沖縄
漢字名：桑草

雄花は4本の雄しべがある

道端や空き地、畑で、ごくふつうに見かける雑草

葉は長い柄がある

葉の形が樹木のクワの葉の形に似ていることが名の由来です。よく似たエノキグサ（p.261）は雄花と雌花が上下に離れてつくので、見分けられます。

●クワ科

カナムグラ
[Humulus japonicus]

夏

蔓状の茎と葉柄に下向きの小さな棘があり、他のものに絡みつきながら長く伸びる。葉は手のひら状に5〜7裂し、長い柄をもち対生する。裏も表も粗い毛があってざらつく。雌雄異株で、雄花はたくさん集まって上向きの円錐状に、雌花は苞に包まれて下向きにつく。

◀雌花は球状の花序につく

分 類：1年草
花 期：8〜10月
草 丈：3〜5m
分 布：日本全土
漢字名：鉄葎

雄花は円錐花序につく

葉は手のひら状に切れ込む

地面や周りの植物などを覆うほどに繁茂する

花期
1
2
3
4
5
6
7
8
9
10
11
12

名の「カナ」は鉄の意味。茎が針金のように丈夫で、やぶをつくるくらい繁茂（＝葎）するのが名の由来です。百人一首に八重葎の名で登場します。

279

キツネノカミソリ

[Lycoris sanguinea]

●ヒガンバナ科

早春に地下の鱗茎から帯状の葉を出し、夏に葉が枯れたあと、赤褐色を帯びた花茎を伸ばし、黄赤色の花を3〜5個つける。花びらはヒガンバナ（p.372）のように反り返らず、雄しべは花びらとほぼ同じ長さで、花から突き出ない。鱗茎にアルカロイドを含む有毒植物。

◀花被片は6枚で、長さ5〜7cm

分　類：多年草
花　期：8〜9月
草　丈：30〜50cm
分　布：本州（関東以西）〜沖縄
漢字名：狐の剃刀

葉は線形

果実は偏球形

ヒガンバナの仲間の中で最も早く咲き出す

日本特産の種です。早春に伸び出す細長い葉の形を、剃刀に見立てて名付けられました。

● ヒガンバナ科

ハマオモト
[Crinum asiaticum]

夏

根元から出る葉は長さ、30〜80cmで、厚くて光沢がある。葉の腋（わき）から立ち上がる太い花茎（かけい）の先に、線形（せんけい）に裂けた白い6弁花が多数傘状に集まってつき、遠くからでもよく目立つ。花は外側から順に咲いていく。夕方から咲きはじめ、夜中に満開になり、強く香る。

果実は球形で直径2〜2.5cm ▶

分　類：多年草
花　期：7〜9月
草　丈：40〜80cm
分　布：本州（関東以西）〜沖縄
漢字名：浜万年青
別　名：ハマユウ

葉は広線形（こうせんけい）

海岸で見かけるほか栽培もされる。花びらが強く反り返る

花期
1
2
3
4
5
6
7
8
9
10
11
12

『万葉集』には別名の浜木綿（はまゆう）で登場します。常緑で光沢のある葉の形が、暖地に自生し、葉を観賞するオモトに似ているのが名の由来。

281

オニユリ

[Lilium lancifolium]

●ユリ科

先が尖った披針形の葉は、厚くて光沢のある深緑色で、互生する。直立した茎の先に漏斗状の花が下向きにつく。花は橙赤色で、内側に紫褐色の斑点があり、花弁が中ほどから強く反り返る。葉腋に艶のある黒紫色のムカゴがつき、これが地面に落ちてふえる。

◀ 6本の雄しべが花の外に突き出る

分　類：多年草
花　期：7〜8月
草　丈：100〜200cm
分　布：北海道（南部）〜九州
漢字名：鬼百合
別　名：テンガイユリ

茎にも花にも紫褐色の斑点があり、ふつう果実はできない　　ムカゴ

中国原産で、鱗茎を食用にするため栽培していたものが、野生化したといわれています。

● ○　●キジカクシ科（ユリ科）

ジャノヒゲ
[Ophiopogon japonicus]

夏

ランナーを伸ばしてふえる。根元から細長い線形の葉が多数群がって出る。葉の中から高さ10cm前後の花茎を伸ばし、小さな花を下向きにつける。花後、鮮やかなコバルトブルーの実をつける。葉が長さ幅ともに大きく、穂状に花をつけるオオバジャノヒゲもある。

冬を過ぎても美しい色のままで残る実▶

分　類：多年草
花　期：7～9月
草　丈：10～20cm
分　布：日本全土
漢字名：蛇の鬚
別　名：リュウノヒゲ

オオバジャノヒゲ

林の中で見かけるほか、観賞用に庭にも植えられる

花期
1
2
3
4
5
6
7
8
9
10
11
12

別名はリュウノヒゲ。深緑色の細い葉を蛇や龍の鬚に見立てて名付けられたといわれています。

ノシラン

[Ophiopogon jaburan]

●キジカクシ科（ユリ科）

ランナーは出さない。根生葉は厚く線形。濃緑色で光沢があり、先端は垂れ下がる。縁はややざらつく。葉の間から扁平な花茎を斜めに伸ばし、先端に白色または淡紫色の小さな花が、総状に垂れ下がってつく。実は倒卵形で、光沢のあるコバルト色に熟す。

◀横向きについて下垂して咲く

分　類：多年草
花　期：7〜9月
草　丈：30〜80cm
分　布：本州（東海以西）〜沖縄
漢字名：熨斗蘭

ジャノヒゲの仲間では最も大形。庭にも植えられている

葉の長さが80cmになることもある

名の由来は不明ですが、つやのある葉を熨斗包みに見立てたという説があります。

●カヤツリグサ科

サンカクイ
[Schoenoplectus triqueter]

夏

地下茎が泥中を長く横に這い、節から深緑色の茎を伸ばして群生する。茎は三角形。葉は退化して、茎の基部に長さ10㎝ほどの鞘になっている。茎の先に卵形の小穂が2～3個ずつつく。小穂の上の尖った茎のような部分は、葉が変化した苞で、茎ではない。

◀小穂が短い柄について垂れ下がる

分　類：多年草
花　期：7～10月
草　丈：50～120㎝
分　布：日本全土
漢字名：三角藺
別　名：サギノシリサシ

茎の断面は三角形

カンガレイ

湿地や水辺に群生していて、ふつうに見かける

花期
1
2
3
4
5
6
7
8
9
10
11
12

草姿が畳表にする藺に似ていて、茎の断面が三角形なのが名の由来。よく似たカンガレイは、小穂が球状に集まってつくので区別できます。

イヌビエ
[Echinochloa crus-galli]

●イネ科

平たい茎は無毛で基部が赤みを帯び、根元から分かれて群がって立ち上がる。線形の葉は先が尖り、無毛で軟らかく、縁がややざらつく。茎の先に円錐形の花序をつける。花序には数個の枝が斜上してつき、淡緑色の小穂を密につける。小穂は卵形で先が鋭く尖る。

◀小穂の先が少し垂れるイヌビエの穂

分　類：1年草
花　期：7〜10月
草　丈：70〜120cm
分　布：日本全土
漢字名：犬稗

ケイヌビエ

タイヌビエ

道端、田畑、空き地などどこでも見かける夏の雑草

作物のヒエに似て食用にならないので「犬」を冠しています。長い芒を出すケイヌビエ、水田の雑草として嫌われるタイヌビエなどの仲間もあります。

カモガヤ
[Dactylis glomerata]

●イネ科

夏

茎が群がって出て大きな株になり、ときに高さが1mを超すものもある。葉は線形で軟らかく粉白色(ふんぱくしょく)を帯びた緑色。茎の先の節から枝を出し、それぞれの枝の先に小穂(しょうすい)が塊のように密集してつく。イネ科の花粉症の原因植物でもあり、外来生物法では要注意種。

▶小穂がかたまって密につく

分 類：多年草
花 期：7～8月
草 丈：80～100cm
分 布：北海道～九州
　　　　（帰化植物）
漢字名：鴨茅
別 名：オーチャード・グラス

草丈が1mを超えることもある 　　よく見かける雑草で、道路の法面(のりめん)の緑化にも利用される

花期
1
2
3
4
5
6
7
8
9
10
11
12

ヨーロッパから西アジア原産。明治の初期にオーチャード・グラスの名で牧草として渡来したものだが、繁殖力が強く、各地で野生化しています。

ジュズダマ
[Coix lacryma-jobi]

●イネ科

太い茎が群がって直立し、上部の葉の腋（わき）から柄を出して花穂（かすい）をつける。花茎の先端に苞鞘（ほうしょう）と呼ばれる壺状の玉に包まれた雌花がつき、その先から垂れ下がる長い柄に雄花の小穂（しょうすい）がつく。苞鞘は緑色から黒色、さらに灰白色に変化し、光沢のある硬い玉になる。

◀雄花の小穂は垂れ下がる

分　類：多年草
花　期：7～11月
草　丈：80～100cm
分　布：本州（関東以西）～沖縄
漢字名：数珠玉
別　名：トウムギ

雌花は玉に包まれている

苞鞘は硬い玉になる

花期
1
2
3
4
5
6
7
8
9
10
11
12

多年草だが、日本では冬の寒さで枯れるので、1年草になる

光沢のある硬い苞鞘に糸を通して珠数を作ったことが名の由来。かつて、子どもたちは糸を通して首飾りにしたり、お手玉に入れて遊びました。

●イネ科
セイバンモロコシ
[Sorghum halepense]

夏

地下を横に這う長い根茎から太い茎が出て、ススキに似た草姿になって、群生する。葉は線形で、白色の中央の脈が目立ち、縁はざらつかない。直立する茎の先に大きな円錐形の花序を開く。花序の枝は数回分枝して多数の小穂をつけ、赤褐色を帯びる。

赤褐色を帯びた花▶

分　類：多年草
花　期：7〜10月
草　丈：80〜200cm
分　布：本州〜沖縄
　　　　（帰化植物）
漢字名：西蕃蜀黍、西蛮蜀黍

ヒメモロコシ

戦後になって急速に広がった大形の雑草で、よく見かける

花期
1
2
3
4
5
6
7
8
9
10
11
12

ふつう小穂に芒がありますが、芒のないものをヒメモロコシ、またはノギナシセイバンモロコシと呼んで区別することもあります。

ニワホコリ
[Eragrostis multicaulis]

●イネ科

茎は基部(きぶ)でよく分枝(ぶんし)し、下部は曲がって低く広がった後、斜めに立ち上がる。無毛で軟らかい線形(せんけい)の葉をつけ、茎の先に円錐花序(えんすいかじょ)を出し、赤紫色を帯びた小穂(しょうすい)を多数つける。小穂は枝が細く、光沢のある扁平な長卵形(ちょうらんけい)で、輪生状(りんせいじょう)につき、3〜8個の小花からなる。

◀赤みを帯びた小穂の枝は線形

分　類：1年草
花　期：7〜9月
草　丈：10〜20cm
分　布：日本全土
漢字名：庭埃

花期
1
2
3
4
5
6
7
8
9
10
11
12

道端、空き地、庭、畑など、どこでも見かける小形の雑草 　　幼苗(ようびょう)

全体が細い小形の雑草です。庭によく生えて、花穂(かすい)が細かくて埃をかぶったように見えるのが名の由来です。

●オモダカ科

オモダカ
[Sagittaria trifolia]

夏

地下のランナーの先に小さな球茎をつくってふえる。葉は基部が2つに裂けた矢じり形で、根元から出て、長い葉柄をつけて高く伸びている。白い3弁花が3個ずつ1節に輪生し、下から次々咲く。雌雄異花で、上に雄花が、下に雌花が咲く。朝開き夕方に閉じる一日花。

雄花。黄色い雄しべが多数ある▶

分 類：多年草
花 期：7〜10月
草 丈：20〜80cm
分 布：日本全土
漢字名：面高
別 名：ハナグワイ

矢じり形の葉

球状の果実

『枕草子』にも登場する水草。水田や湿地で見かける

花期
1
2
3
4
5
6
7
8
9
10
11
12

矢じり形の葉を人の顔（面）に見立て、長い葉柄の上について、水の上に高く出ている姿が名の由来。球茎が大きい食用のクワイは本種の改良種です。

オオブタクサ
[Ambrosia trifida]

●キク科

夏

直立する茎は3mにもなり、白色の軟毛が密生し、よく分枝して大株になる。葉は卵形で、ふつう手のひら状に3～7裂し、すべて対生する。分枝した枝の先や葉腋から穂状花序を出す。雌雄同株で、雄花の頭花は長い穂になって多数つき、その基部に雌花が少数つく。

◀雄花。黄色の筒状花が多数ある

分　類：1年草
花　期：8～9月
草　丈：100～300cm
分　布：日本全土（帰化植物）
漢字名：大豚草
別　名：クワモドキ

花期
1
2
3
4
5
6
7
8
9
10
11
12

大形の雑草。葉の形からクワモドキとも呼ばれる

手のひら状に裂けた葉

風で飛ぶ雄花の花粉

北アメリカ原産。1952年に静岡県で最初に見つかり、今では全国に広がっています。ブタクサ同様、外来生物法で要注意種。花粉症の原因になります。

ブタクサ

[Ambrosia artemisiifolia]

●キク科

夏

茎はよく分枝して直立する。羽状に深く裂けた軟らかい葉が、茎の下部では対生し、上部では互生する。雌雄同株で、雄花は茎の先の長い穂につき、穂の基部の葉腋に目立たない雌花がつく。花粉が風で運ばれる風媒花で、花粉症の原因となることから嫌われている。

◀花弁はなく、雄花は穂状につく

分 類：1年草
花 期：7〜10月
草 丈：100〜250cm
分 布：ほぼ日本全土
　　　（帰化植物）
漢字名：豚草

穂状の基部につく雌花

羽状に細かく裂ける葉

空き地、荒地、道端など、どこででも見かける雑草

花期
1
2
3
4
5
6
7
8
9
10
11
12

北アメリカ原産。明治の初めに渡来し、今では全国で繁茂しています。名は、英名の「ホッグウィード：豚の餌の草」を直訳したものです。

キバナコスモス

[Cosmos sulphureus]

●キク科

コスモス (p.295) より草丈が低く、対生(たいせい)する葉は羽状複葉(うじょうふくよう)。一重(ひとえ)のほか、半八重(やえ)咲きも見かける。初夏から秋まで、真夏でも休まずに咲き続ける強健種。こぼれたタネから発芽することから、日当たりの良い家の周りや空き地、土手、道路沿いなどに半野生化している。

◀ 花径(かけい) 4〜6cm。コスモスより小さめ

分 類:1年草
花 期:6〜10月
草 丈:60〜200cm
分 布:各地(帰化植物)
漢字名:黄花こすもす

半八重咲きの黄花種

種子

強い日差しにも負けず、夏の盛りにも次々と花を開く

大正時代に渡来したころはオレンジ色の花しかありませんでしたが、品種改良が進み、黄色や緋赤色もふつうに見かけます。

コスモス
[Cosmos bipinnatus]

夏

茎は直立し、対生する葉は羽状複葉で複雑に細かく裂けて糸状になる。花はふつう8枚の舌状花と中央部が少し盛り上がる多数の黄色の筒状花からなる。性質は丈夫で、強風などで倒れても、地についた茎の途中から根を出し、再び立ち上がって花をつける。

8枚の舌状花をもち、花径6〜10cm▶

分　類：1年草
花　期：6〜11月
草　丈：100〜200cm
分　布：ほぼ日本全土
　　　　（帰化植物）
別　名：アキザクラ、
　　　　オオハルシャギク

葉は羽状に細かく裂ける

地面に接した茎からも根を出す 　　休耕田や道路沿いで半野生化し、日本の風景になじんでいる

花期
1
2
3
4
5
6
7
8
9
10
11
12

メキシコ原産。明治時代に渡来し、様々な園芸品種が作出されて花色も多彩です。よく結実してこぼれたタネでふえ、各地で半野生しています。

シオン
[Aster tataricus]

●キク科

全体に剛毛があってざらつく。茎は直立し、上部で枝分かれして、小枝の先に淡紫色の花を上向きに多数つける。花期が長く、夏の終わりから次々と咲いていく。根生葉は大きな楕円形で、花が咲くときには枯れている。茎につく葉は小さく、披針形で互生する。

◀花径3㎝。淡紫色の舌状花は15枚程度

分 類：多年草
花 期：8〜10月
草 丈：150〜200㎝
分 布：本州（中国地方）、九州
漢字名：紫苑
別 名：オニノシコグサ

高く伸びた茎にたくさんの花を開き、秋遅くまで咲いている

根生葉は長さ60㎝、幅15㎝

古くから庭でよく栽培されています。よくふえるので、家の周囲の道端や空き地などに逃げ出して、澄み切った青空に映えて咲く花を見かけます。

●キク科

ヒヨドリバナ
[Eupatorium makinoi]

夏

上部で分枝した枝の先に小さな花が多数集まって咲く。フジバカマ（p.330）に似た花だが、蕾のときは紫紅色のフジバカマに対し、本種は蕾も開花してからもふつう白色。葉は卵状長楕円形で先が尖り、フジバカマのように裂けない。乾燥させてもあまり香りがない。

▶花は筒状花のみで、糸状の花柱が目立つ

分 類：多年草
花 期：8～10月
草 丈：100～200cm
分 布：北海道～九州
漢字名：鵯花

対生する葉は裂けない

万葉の頃から親しまれる、夏の野山に咲く白い花

ヒヨドリが里に来て鳴く頃（9～10月）に花が咲くことから名が付きましたが、実際は、夏から咲き始めています。

297

ツリガネニンジン

●キキョウ科

[Adenophora triphylla var. japonica]

直立する茎に、卵状楕円形の葉が4〜5枚輪生してつく。茎や葉を折ると白い液が出る。根際から生える葉は円心形で柄があり、花時には枯れる。茎の先に釣り鐘形の花が円錐状に集まり、下向きに咲く。花の先がやや広がって浅く5つに裂け、花柱が突き出る。

◀花は長さ2cm。段になって数個ずつつく

分　類：多年草
花　期：8〜10月
草　丈：40〜100cm
分　布：北海道〜九州
漢字名：釣鐘人参
別　名：ツリガネソウ、トトキ

根生葉は円心形

夏も盛りをすぎた頃、ベル形の花を鈴なりにつける

茎葉は4〜5枚の葉が輪生する

釣り鐘形の花を咲かせ、白くて太い根がチョウセンニンジンに似ているのが名の由来です。若芽は「トトキ」と呼ばれ、おいしい山菜です。

● ゴマノハグサ科

キクモ
[Limnophila sessiliflora]

夏

円柱形の茎の下部は匍匐し、上部が斜めに立ち上がって地上や水上に出る。上に出た茎には、細かく羽状に裂けた葉が5〜8枚輪生する。水中の葉は糸状に細く裂ける。茎の先の葉の腋に、柄のない小さな唇形花を1つ開く。花は紅紫色で先は浅く5つに裂ける。

花は筒形で先が5裂して唇形になる▶

分　類：多年草
花　期：8〜10月
草　丈：15〜20cm
分　布：本州〜沖縄
漢字名：菊藻

葉の長さ1〜2cm

水田の雑草で、しばしば一面を覆って群生している

花期
1
2
3
4
5
6
7
8
9
10
11
12

名は、水辺に生え、細かく裂けた葉をキクの葉に見立てたものです。アンブリアの名で、水槽用の水草としても知られています。

ビロードモウズイカ

[Verbascum thapsus]

●ゴマノハグサ科

全体が灰白色の綿毛に覆われている。大きな根生葉を放射状に広げ、その中から太い茎を真っ直ぐに立ち上げる。長い花穂に黄色の花が下から上に咲き上がっていく。こぼれた種子からも発芽するほど丈夫で、観賞用に植えられたものが各地に野生化している。

◀花径2〜2.5cm。花の先が深く5裂する

分　類：越年草
花　期：8〜9月
草　丈：100〜200cm
分　布：日本全土（帰化植物）
漢字名：天鵞絨毛蕊花
別　名：バーバスカム、ニワタバコ

長い花穂に黄色の花が咲き上がっていく姿は見応えがある

根生葉は花期まで残る

ヨーロッパ原産で、明治時代に観賞用に導入されました。長さ30cmにもなる大きな葉が、タバコの葉を思わせるのでニワタバコの別名があります。

●アカバナ科

チョウジタデ
[Ludwigia epilobioides]

夏

紅紫色を帯びた角ばった茎が直立するか、斜めに立ち上がる。細長い卵形の葉は軟らかく滑らかで、表面の脈が目立つ。葉の腋に黄色い小さな花が咲く。花は4弁花で花弁より長い萼がある。引き抜くとゴボウのような根があることからタゴボウの別名がある。

花径6〜8mm。花の下の棒状のものは子房▶

分 類：1年草
花 期：8〜10月
草 丈：30〜70cm
分 布：北海道〜九州
漢字名：丁子蓼
別 名：タゴボウ

果実は棒状で少し湾曲する

葉は互生する

湿ったところでふつうに見かける水田の雑草

花期
1
2
3
4
5
6
7
8
9
10
11
12

長い子房をもった花がフトモモ科の木本のチョウジに似て、全体の姿がタデに似ていることが名の由来です。

イノコズチ

[Achyranthes bidentata Blume var. japonica Miq.]

●ヒユ科

節がやや膨らんだ四角形の茎が直立し、長楕円形の葉が対生する。茎の先や枝先に細長い穂状の花序を出し、まばらに淡緑色の小さな花を横向きにつけ、下から順に咲く。花は花弁がなく5枚の緑色の萼片が目立ち、萼片の外側の小苞葉が棘になる。

◀長い花穂に花がややまばらにつく

分 類：多年草
花 期：8〜9月
草 丈：50〜150cm
分 布：本州〜九州
漢字名：猪子槌
別 名：ヒカゲイノコズチ

あまり日が当らない竹やぶや林内で見かける

葉は薄くて光沢がない

膨らんだ茎の節をイノシシの膝頭に見立てたのが名の由来といわれています。日陰に生えるので、ヒカゲノイノコズチともいいます。

ヒナタイノコズチ

●ヒユ科
[Achyranthes bidentata var. fauriei]

夏

紫褐色の太い茎は四角形で毛が密生する。対生する葉はイノコズチ（p.302）に似るが、毛が多く、厚くて硬い。枝の先と葉の腋に穂状花序を出し、多数の淡緑色の花が横向きに密集してつき、下から咲き上がる。果実は軸に沿って下向きにぴったりとくっつく。

▶花は花弁がなく、萼片が淡緑色

- 分 類：多年草
- 花 期：8〜9月
- 草 丈：50〜100cm
- 分 布：本州〜九州
- 漢字名：日向猪子槌

葉は楕円形で縁が波打つ

果実は衣服や動物の毛につく

日当たりのよい道端、荒地、畑などでふつうに見かける

花期
1
2
3
4
5
6
7
8
9
10
11
12

日なたに生えているのが名の由来です。イノコズチより多く見かけます。果実は洋服や動物の体にくっついて、遠くまで運ばれます。

ヤナギイノコズチ ●ヒユ科

[Achyranthes longifolia]

根は肥厚する。直立する四角い茎は無毛で、膨らんだ節から向かい合って枝を出す。対生する先の尖った細長い葉は、滑らかで、光沢があるのが特徴。茎の先や葉の腋に細長い花穂を出し、淡緑色の小さな花を下向きにつける。花は下から咲き上がっていく。

◀細い穂にまばらに花をつける

分 類：多年草
花 期：8～9月
草 丈：50～100cm
分 布：本州（関東以西）～九州
漢字名：柳猪子槌

林の中で見かけるが、全体に細くて見逃してしまいそう

披針形の葉は濃緑色

葉がヤナギの葉のように細長いことから、名付けられました。ほかのイノコズチ類に比べて、草姿が一番ほっそりしています。

●タデ科

イシミカワ
[Persicaria perfoliata]

夏

蔓性の細い茎に下向きの鋭い棘があり、他のものに絡みながら長く伸びる。葉は三角形で、長い柄が楯状につき、基部に円形の托葉がついて茎を抱く。短い花穂が皿のような苞葉の上に乗るようにつき、花が終わると、萼片が多肉質になって果実を包む。

果実は球形。熟す段階で萼の色が変わる▶

分　類：1年草
花　期：7〜10月
草　丈：100〜200cm
分　布：日本全土
漢字名：石見川、板帰

緑白色の萼

葉は三角形

果実を包む萼が緑白色→紅紫色→青色と変わる

花期
1
2
3
4
5
6
7
8
9
10
11
12

名は、大阪府の石見川の地名に基づくという説がありますが、その説を裏付ける確かなものはまだありません。

ミズヒキ
[Antenoron filiforme]

●タデ科

全体に粗い毛がある。まばらに分枝した茎に、長楕円形の薄い葉が互生する。葉の表面の中央に黒い斑紋が入るものが多い。長い穂状につく小さな花は花弁がなく、花弁のように見えるのは萼片。萼は深く4裂し、上側の3枚は紅色を帯び、下の1枚は白色。

◀葉に「八の字」に見える黒斑があり、八の字草ともいう

分 類：多年草
花 期：8～10月
草 丈：50～80cm
分 布：日本全土
漢字名：水引
別 名：ハチノジグサ

藪などの日陰で見かけるほか、庭などでも栽培される

赤い小花が横向きに点々とつく

ぴんと伸びた細長い花穂に、赤い小花が点々とつき、上から見ると赤く、下からは白く見えることを、紅白の水引に見立てたのが名の由来です。

●ツユクサ科

イボクサ
[Murdannia keisak]

夏

茎は下部で枝分かれして横に這い、節から根を出し、先端部が斜めに立ち上がる。葉は広線形で、柄がなく茎を抱く。葉の腋や枝の先に淡紅色の花をふつう1つずつつける。花弁の中心ほど色が薄くなる。3枚の花弁が平らに開き、隙間から緑色の萼片が見える。

花は一日花。直径13mmで、花弁が3枚▶

分 類：1年草
花 期：8～10月
草 丈：20～30cm
分 布：本州～沖縄
漢字名：疣草
別 名：イボトリグサ

広線形の葉は長さ2～6cm　　水田の雑草だが、群生して咲くようすが優しげに見える

葉を揉んで汁をつけるとイボが取れるという、民間療法にちなんで名づけられましたが、本当に効果があるかどうかはわかりません。

ヤブミョウガ

[Pollia japonica]

●ツユクサ科

根茎が長く横に這って群生する。直立する茎の中ほどに、長楕円形で濃緑色の葉が6～7枚ほど接近してつく。茎の先に白色の小さな花を輪生状に5～6段つける。花は花弁も萼も3枚で、開くとその日のうちにしぼむ一日花。花後、青藍色に熟す果実をつける。

◀両性花。長く飛び出ているのは花柱

分　類：多年草
花　期：8～9月
草　丈：50～90cm
分　布：本州（関東以西）～沖縄
漢字名：薮茗荷

葉の長さ15～30cm

林内や薮の湿った場所に大きな葉を広げて群生する

果実は球形で光沢がある

食用に栽培するミョウガの仲間ではありませんが、葉がミョウガに似ていることと、薮に生えることが名の由来です。ミョウガのような香りはありません。

●ヒガンバナ科

ナツズイセン
［Lycoris squamigera］

夏

名は、「夏に咲くスイセン」の意ではなく、「ヒガンバナの仲間なのに葉がスイセンに似ている」の意。線形（せんけい）の葉は早春に出て、夏に枯れる。葉が枯れた後、太い花茎（かけい）を伸ばして、先端に漏斗（ろうと）状の花を横向きに数個つける。花びらはヒガンバナ（p.372）のように強く反り返らない。

6本の雄しべは花びらよりやや短い▶

分　類：多年草
花　期：8〜9月
草　丈：50〜70cm
分　布：本州〜九州
漢字名：夏水仙

結実せず球根でふえる

山野の人家付近で見かけるほかに、栽培もされる

花期
1
2
3
4
5
6
7
8
9
10
11
12

人家近くでよく見かけるので、古い時代に中国から渡来して野生化したものと考えられています。ヒガンバナの仲間では最も大きな花を咲かせます。

ホテイアオイ

[Eichhornia crassipes]

●ミズアオイ科

水中に長いひげ根を伸ばして旺盛に繁殖する。葉は光沢のある円形で、葉柄の基部が大きく膨れて浮き袋となり、水面に浮かぶ。葉の間から花茎を伸ばし、青紫色の花をつける。花は6枚の裂片に分かれて、その中の1枚は紫色の斑に囲まれた黄色の斑点がある。

◀穂状に咲き、英名はウォーター・ヒアシンス

分　類：多年草
花　期：8～10月
草　丈：10～20cm
分　布：本州～沖縄（帰化植物）
漢字名：布袋葵
別　名：ホテイソウ、
　　　　ウォーター・ヒアシンス

水面を覆うほど繁殖力が強く、外来生物法で要注意種

葉柄が膨らみ浮き袋になる

水面に浮く水草です。葉のつけ根が膨らんで浮き袋の役目をします。その形を七福神の布袋様の太鼓腹に見立てて布袋葵といいます。

散歩で見かける

秋/冬の
野の花・
野草

アキノキリンソウ

[Solidago virg-aurea var. asiatica]

●キク科

細くて強い数本の茎が群がって立ち、茎の上部に多数の花が穂状につく。黄金色に盛り上がるように咲く花を酒の泡に見立てて、泡立草（あわだちそう）の別名がある。茎の下部につく葉は、葉柄（ようへい）にひれがあるのが特徴で、葉は上にいくにつれて小さくなる。

◀舌状花（ぜつじょうか）は6枚内外で筒状花（とうじょうか）を囲む

分　類：多年草
花　期：8〜11月
草　丈：30〜60cm
分　布：北海道〜九州
漢字名：秋の麒麟草
別　名：アワダチソウ

葉は互生（ごせい）する

セイタカアワダチソウ（p.407）の仲間だが、群生（ぐんせい）はしない

ベンケイソウ科のキリンソウ

ベンケイソウ科のキリンソウに似た花を秋に咲かせるのが名の由来。細くてもしっかりした茎をもち、英名はゴールデンロッド（黄金の鞭）。

●キク科

アキノノゲシ
[Lactuca indica]

秋/冬

人の背丈以上になる太い茎に、羽状に深く切れ込んだ葉が互生し、茎の先に淡黄色の花を円錐状に多数つける。花は日中に開き、夕方に閉じるが、曇りの日や雨の日には開かない。葉が細くて切れ込みのないものをホソバアキノノゲシという。

◀花は淡黄色で舌状花のみ

分　類：1〜越年草
花　期：9〜11月
草　丈：60〜200cm
分　布：日本全土
漢字名：秋の野芥子、
　　　　秋の野罌粟

羽状に切れ込んだ葉

ホソバアキノノゲシの葉

道端でふつうに見かけ、茎や葉を切ると白い乳液が出る

花期
1
2
3
4
5
6
7
8
9
10
11
12

ノゲシ(p.51)に似て秋に花が咲くのが名の由来なのですが、なんとノゲシの仲間ではなく、野菜のレタスの仲間なのです。

アメリカセンダングサ

●キク科

[Bidens frondosa]

秋/冬

近年急速に広がり、センダングサの仲間では最も多く見かける。暗紫色を帯びた角張った茎が直立し、羽状複葉の葉が対生する。枝先に黄色い頭花を1つずつつける。葉のように見える6〜12枚の総苞の外片が花より外に張り出して四方に開くのが特徴。

◀頭花の周りに総苞片が突き出る

分　類：1年草
花　期：9〜10月
草　丈：50〜150cm
分　布：本州〜沖縄(帰化植物)
漢字名：アメリカ栴檀草
別　名：セイタカウコギ

小葉は先が尖り、鋸歯がある

都心の空き地、道端など、どこでもよく見かける

実に2本の鋭い棘がある

北アメリカ原産で、大正時代に渡来した帰化植物。水田地帯にもはびこる害草で、今では外来生物法で要注意種に指定されています。

● キク科 **コセンダングサ**
[Bidens pilosa L.]

秋/冬

舌状花がなく筒状花だけの黄色い頭花を、枝の先に1つずつつける。果実に数本の鋭い棘があり、衣服や動物の体についてあちこちに運ばれて繁殖する。同じ生育地では、頭花に白色の舌状花が4〜7枚ある変種のシロノセンダングサも見かける。

◀頭花は管状花のみ

分　類：1年草
花　期：9〜11月
草　丈：50〜150cm
分　布：本州中部以西
　　　　（帰化植物）
漢字名：小栴檀草

果実は球状に丸くなる

シロノセンダングサ

都市近郊の荒地などで見かけるが、外来生物法で要注意種

花期
1
2
3
4
5
6
7
8
9
10
11
12

江戸時代に渡来した帰化植物ですが、原産地ははっきりしていません。名に「小」と付きますが、草丈は人の背丈以上になります。

315

アレチノギク
[Conyza bonariensis]

●キク科

全体に毛が多く灰緑色に見える。直立する中心の主枝より、横から出る枝がそれより高くなるのが特徴。根生葉は羽状に切れ込み、茎の上方につく葉がよじれる傾向がある。よく似たオオアレチノギク（p.317）より頭花の数が少なく、草丈が低い。

◀舌状花が小さく、蕾のように見える

分 類：1年草
花 期：7〜11月
草 丈：10〜30cm
分 布：北海道〜九州
　　　（帰化植物）
漢字名：荒地野菊

線形の葉が波打つ

市街地の街路樹の下や空き地、道端などで見かける

冠毛はやや淡褐色

南アメリカ原産で明治の中頃に渡来しました。後から来たオオアレチノギクにおされて、都会では見かけますが、数が減っています。

●キク科 **オオアレチノギク**
[Conyza sumatrensis]

秋/冬

全体に白い毛が密生する。直立する茎に線形の葉が互生し、各葉腋からも短い枝が伸びる。その短枝にも小さめの葉がつくため、葉が込み合って複雑につく。分枝した各枝に多数の頭花つき、全体に円錐状になる。頭花は開花しても蕾のように見える。

◀舌状花は外からは見えない

分 類：越年草
花 期：7～8月
草 丈：1～2m
分 布：本州～九州
　　　　（帰化植物）
漢字名：大荒地野菊

根生葉で越冬する

頭花は円錐花序につく

道端や荒地でよく見かける大形の雑草。外来生物法の要注意種

花期
1
2
3
4
5
6
7
8
9
10
11
12

🥕 南アメリカ原産の帰化植物。コロンブスによって始まった大航海時代に世界各地に広まり、日本では1920年に東京で見つかりました。

317

オナモミ
[Xanthium strumarium L.]

●キク科

秋/冬

全体にがっしりした印象を与えるところから、雌ナモミ（p.397）に対してこの名がある。長い柄をもつ三角状卵形の葉は浅く3〜5裂し、鋸歯がある。両面に剛毛があり、触れるとざらつく。夏から秋に黄緑色の頭花をつけ、花後、とげとげした楕円形の実を多数つける。

◀雄花は球状に集まる

分　類：1年草
花　期：8〜10月
草　丈：20〜100cm
分　布：日本全土
漢字名：雄なもみ

花期
1
2
3
4
5
6
7
8
9
10
11
12

近年は外来のオオオナモミに押されて少なくなった

実がかたまってつく

荒地や道端などに生える人里植物です。鋭い棘をもった実が衣服につき、くっつきむしと呼んで、子どもたちが衣服につけ合って遊びました。

秋/冬

オオオナモミ。北アメリカ原産の帰化植物。全体に大形で、都市周辺ではオナモミより多く見かける。棘のついた実は長さ2cm、枝についている数も多い

イガオナモミ。原産地は不明。戦後に帰化したもの。実はオオオナモミより大きく、長さ2～3cm。鉤状の棘に毛が多く生えているのが特徴

コラム

くっつく実

秋に草むらに足を踏み入れると、ズボンなどにたくさんの小さなタネがつく。これは、根を張ったら動けない植物が、生えているところからより遠くへタネを運び、生育場所を広げるための知恵。

オナモミ類は、実にたくさんの棘や毛がついていて、さらに、衣服や動物の毛にくっついても簡単に抜け落ちないように棘の先が曲がっている。

▲衣服についたオナモミの実
◀オナモミの実

キクイモ

[Helianthus tuberosus]

●キク科

北アメリカ原産で、ヒマワリを小さくしたような花が群がって咲き、秋空によく映える。全体に剛毛が生えていてざらつき、地下に大きな塊茎(かいけい)ができる。茎は上部で分枝(ぶんし)し、枝先に黄色い花を1つずつ開く。よく似たイヌキクイモは夏に花が咲く。

◀花は9月に入ってから咲く

分 類：多年草
花 期：9〜10月
草 丈：1.5〜3m
分 布：ほぼ日本全土
　　　（帰化植物）
漢字名：菊芋

こぶの多い塊茎

道端や空き地、河川敷などに群生(ぐんせい)し、よく見かける

イヌキクイモの花

塊茎の成分はイヌリンという人間に消化されない糖分なので、ダイエット食品として見直され、栽培もされています。

シロヨモギ
[Artemisia stelleriana]

●キク科

秋/冬

全体が短い綿毛に覆われ、白くて美しい。地下茎（ちかけい）を長く伸ばしてふえる。根元から分枝（ぶんし）する茎は40㎝前後の高さになり、羽状に裂けた葉が互生（ごせい）する。枝の先に多数穂状に集まってやや下向きに花をつける。鐘形（しょうけい）の頭花（とうか）は多少黄色を帯び、大きい。

▶上部の葉の腋（わき）に頭花をつける

分　類：多年草
花　期：8〜10月
草　丈：30〜60㎝
分　布：北海道、本州の茨城県、新潟県以北
漢字名：白蓬

葉は厚みがある 　　　　海岸の砂地に生え、名前のとおり全体が純白色

花期
1
2
3
4
5
6
7
8
9
10
11
12

ヨモギの仲間で、全体が雪のような白い綿毛に覆われているので、この名があります。頭花は、ヨモギの仲間では大形です。

321

タウコギ
[Bidens pripartita]

●キク科

全体に無毛で、太くて軟らかな茎が直立する。対生する葉は茎の下部では深く裂けるが、上部では裂けない。枝の先に黄色の筒状花だけの花を1つずつつける。花の下に大小不揃いの葉のような総苞片がつき、放射状に花を取り囲んでよく目立つ。

◀花のすぐ下の総苞片が目立つ

分　類：1年草
花　期：8〜10月
草　丈：30〜100cm
分　布：日本全土
漢字名：田五加木

下の葉は3〜5裂する

水田や田の畦、湿地で見かける雑草で、秋に紅葉する

果実に棘状の突起がある

葉が樹木のウコギの葉に似ていて、田に生えるのが名の由来。田んぼの雑草で嫌われていましたが、除草剤の影響で、近年あまり見かけなくなっています。

● キク科 **ダンドボロギク**
[Erechtites hieracifolia Rafin.]

秋／冬

全体に無毛で、茎も葉も軟らかい。直立する茎に柄のない線状披針形の葉が互生する。上部で分枝した枝の先に、淡黄色の筒状花だけの頭花を上向きに多数つける。頭花は垂れない。果実につく白い冠毛は細くて1cm以上もあり、風で飛ばされる。

筒状花のみの花が上を向いて咲く▶

分 類：1年草
花 期：8～10月
草 丈：50～150cm
分 布：ほぼ日本全土
　　　　（帰化植物）
漢字名：段戸襤褸菊

葉の縁に鋸歯がある

白い冠毛が目立つ

近年は都心の公園や空き地、道端などで見かける

花期
1
2
3
4
5
6
7
8
9
10
11
12

北アメリカ原産。1933年に愛知県の段戸山で発見されたことと、タンポポの綿毛のような冠毛が襤褸のように見えることが名の由来です。

トキンソウ
[Centipeda minima (L.) A. Br. et Asch.]

●キク科

全体が淡緑色の小形の雑草。茎は分枝しながら地表を這い、所々から根を出して地面に張り付くように大きく広がる。葉は長さ1cm前後で先に少数の鋸歯がある。葉の腋に、緑色の丸い頭花をつける。頭花は筒状花だけで、小さくて目立たない。

◀頭花は直径3〜4mm

分　類：1年草
花　期：7〜10月
草　丈：5〜20cm
分　布：日本全土
漢字名：吐金草
別　名：タネヒリグサ、ハナヒリグサ

道端や畑、庭の隅でごくふつうに見かける

茎は地面を這う

葉は互生する

名は「金を吐き出す草」という意味です。花が終わった頭花を指で押すと黄色の果実が出ることから名付けられたといわれています。

●キク科

ノコンギク

[Aster ageratoides var. ovatus]

秋／冬

長い地下茎(ちかけい)がある。直立する茎はよく分枝(ぶんし)し、枝の先に頭花(とうか)をたくさんつける。葉は長楕円形で、両面に短毛が生えていて触れるとざらざらする。ヨメナ（p.332）に似ているが、茎や葉がざらつくことと、実につく冠毛が長いことから区別できる。

花径(かけい) 2.5cm。舌状花(ぜつじょうか)は淡い青紫色▶

分　類：多年草
花　期：8～11月
草　丈：50～100cm
分　布：本州～九州
漢字名：野紺菊

葉の縁に粗い鋸歯(きょし)がある

コンギク

日本の代表的な「野菊」のひとつで、ごくふつうに見かける

花期
1
2
3
4
5
6
7
8
9
10
11
12

名は「野に咲く紺色の菊」という意味。栽培種のコンギクはノコンギクの中から選抜されたもので、古くから観賞されています。

325

ノハラアザミ

[Cirsium tanakae]

●キク科

春から夏に咲くノアザミに似ているが、こちらは花期が遅く、晩夏から秋まで花を見かける。また、根生葉が花時もロゼット状になって残り、花を包む総苞が粘らないのも特徴。葉は切れ込みが深く、縁に鋭い棘があり、中央の脈は赤みを帯びる。

◀総苞片の先がやや反り返る

分　類：多年草
花　期：8〜10月
草　丈：40〜100cm
分　布：本州（中部地方以北）
漢字名：野原薊

根生葉

草地や林縁、土手などで見かける秋に咲くアザミ

花後、冠毛がつく

名は、野原で多く見かけるアザミの意。少し乾燥した草原を好みます。花は枝の先に1つ、ときには2、3個ついて、上を向いて咲きます。

●キク科

ハキダメギク
[Galinsoga quadriradiata]

秋/冬

熱帯アメリカ原産の帰化植物で、大正時代に渡来した。全体に毛が多い。茎は二又に分枝(ぶんし)を繰り返しながら伸び、卵形(らんけい)の葉が対生(たいせい)する。上部の枝先に小さな頭花(とうか)をつける。5枚の舌状花(ぜつじょうか)は白色で先が3裂する。暖地ではほぼ1年中花を見かける。

▶舌状花は白色で筒状花(とうじょうか)は黄色

- 分　類：1年草
- 花　期：5〜12月
- 草　丈：10〜60cm
- 分　布：ほぼ日本全土（帰化植物）
- 漢字名：掃溜菊

群生(ぐんせい)する

葉は3本の脈が目立つ

道端、空き地、公園、畑など、どこでも見かける雑草

花期
1
2
3
4
5
6
7
8
9
10
11
12

　名の「掃き溜め」はゴミ捨て場のことです。東京都世田谷区のゴミ捨て場の近くで最初に見つかったので、この名があります。

秋/冬

ハマギク
[Chrysanthemum nipponicum]

●キク科

野生ギクのなかでは最も大きな花を咲かせる。太い茎の下部は木質化し、冬でも枯れずに残る。肉厚の葉は柄がなく、重なるように接近して互生(ごせい)する。同じように海岸で見かけるコハマギクは、柄のある光沢のない葉が互生し、冬は地上部が枯れる。

◀花は直径6cm、白い舌状花(ぜつじょうか)が美しい

分　類：低木状多年草
花　期：9～11月
草　丈：50～100cm
分　布：本州(青森県～茨城県の太平洋岸)
漢字名：浜菊

葉は光沢がある

花期
1
2
3
4
5
6
7
8
9
10
11
12

日本原産で、英名をニッポンデージーという

コハマギク

光沢のあるへら形の葉と、白い端正な花が美しく、栽培も容易なことから、江戸初期から観賞用に庭などで栽培もされています。

● キク科

ヒメムカシヨモギ
[Erigeron canadensis L.]

秋／冬

全体に明るい緑色をした、大形の雑草。直立する茎に粗い毛があり、細長い葉が茎をとりまくように互生する。茎の上部で枝分かれして大きな円錐花序をつくり、小さな頭花を多数つける。白い舌状花はほぼ1列に並び、総苞の外に出て平らに開く。

白い小さな舌状花は外から見える▶

分　類：越年草
花　期：8 〜 10月
草　丈：80 〜 180cm
分　布：ほぼ全国（帰化植物）
漢字名：姫昔蓬
別　名：テツドウグサ、
　　　　ゴイッシングサ

茎葉は線形

根生葉はへら形

市街地の空き地や道端などでよく見かける雑草

花期
1
2
3
4
5
6
7
8
9
10
11
12

北アメリカ原産の帰化植物で、明治維新の頃に渡来し、鉄道に沿って広がっていったことから鉄道草、御維新草などと呼ばれました。

フジバカマ
[Eupatorium fortunei]

●キク科

秋の七草のひとつ。筒状の花弁を袴に見立て、花の色とあわせて藤袴と呼ばれている。地下茎は横に這う。人の背丈よりも高く直立する茎に、3つに深く裂けた葉が対生するが、上部の葉は裂けない。上部で分枝した枝の先に、小さな花を多数つける。

◀雌しべの花柱が長くて目立つ

分 類：多年草
花 期：8〜9月
草 丈：100〜180cm
分 布：本州（関東以西）〜九州
漢字名：藤袴

葉の縁に鋭い鋸歯がある

野生のものは絶滅危惧種だが、観賞用に栽培もされる

白花タイプ

中国原産で、奈良時代以前に薬草として渡来したといわれています。生では香りませんが、葉が生乾きのとき、桜餅のような香りがします。

●キク科 **ベニバナボロギク**
[Crassocephalum crepidioides]

秋/冬

水気が多く軟らかい茎は直立する。上部でよく分枝し、枝の先にオレンジ色の円筒形の頭花が垂れ下がってつき、次々と晩秋の頃まで咲いていく。長楕円形の大きな葉は軟らかく、シュンギクに似た香りがあり、若い葉をおひたしなどにして食べる。

頭花は筒状花だけで、舌状花がない▶

分　類：1年草
花　期：8～10月
草　丈：50～100㎝
分　布：本州～沖縄
　　　　（帰化植物）
漢字名：紅花襤褸菊

下の葉は羽状に切れ込む

果実には長くて白い冠毛がある 　　山道だけでなく、最近は市街地の道端でも見かける

花期
1
2
3
4
5
6
7
8
9
10
11
12

アフリカ原産の帰化植物。頭花が紅色で、全体の姿がダンドボロギク（p.323）に似るところから名付けられました。

ヨメナ

[Kalimeris yomena]

● キク科

一般に「野菜」として親しまれている花のひとつ。茎は上部でよく分枝し、枝先に淡紫色の花を1つずつつける。互生する葉は長楕円形で、毛がないのでざらつかない。関東地方以北には葉の薄いカントウヨメナがあり、ヨメナと同じような場所で見かける。

◀頭花は直径約3cm

分 類：多年草
花 期：7〜10月
草 丈：50〜120cm
分 布：本州（中部地方以西）〜九州
漢字名：嫁菜

若葉

田の畦などのやや湿ったところに群生している

カントウヨメナ

『万葉集』にはウハギの名で登場しますが、花の観賞ではなく、春の若菜摘みを詠ったものです。当時から新芽や若葉を食用にしています。

●ウリ科

アマチャヅル
[Gynostemma pentaphyllum]

秋／冬

茎は蔓性で、巻きひげでほかのものに絡んで長く伸びる。葉はふつう5枚の小葉からなり、互生する。葉の腋の長い柄につく黄緑色の小さな花は、先が5裂して星形に開く。雌雄異株で、雌株は花後に緑色から黒緑色に熟す球形の果実をつける。

星形の花は先が尾状に尖る▶

分　類：多年草
花　期：8〜9月
草　丈：100〜300cm
分　布：日本全土
漢字名：甘茶蔓

果実は熟すと黒くなる

葉にまばらに毛がある

藪や林縁でふつうに見かける蔓性の植物

花期
1
2
3
4
5
6
7
8
9
10
11
12

葉をかむとわずかに甘味があるのが名の由来ですが、中には苦いものもあります。朝鮮人参と同じ成分が含まれるといわれ、野草茶に利用します。

秋/冬

アレチウリ
[Sicyos angulatus]

●ウリ科

巻きひげで絡みながら蔓が長く伸び、手のひら状に浅く3〜5裂した葉が互生する。雌雄同株で、黄白色の雄花は長い柄に、淡緑色の雌花は短い柄につく。名は荒地に生えるウリの意だが、棘状の長い毛に覆われた果実は、とてもウリには見えない。

◀雄花は5枚の花びらが星形に開く

分　類：多年草
花　期：8〜10月
草　丈：200〜500cm
分　布：ほぼ日本全土
　　　　（帰化植物）
漢字名：荒地瓜

葉の表面がざらつく

花期
1
2
3
4
5
6
7
8
9
10
11
12

蔓性で、ほかの植物に覆いかぶさって繁茂している

果実は軟毛と棘が密生する

北アメリカ原産の帰化植物で、1952年に静岡県の清水港で初めて見つかりました。現在ははびこりすぎて、特定外来生物になっています。

ゴキヅル
[Actinostemma lobatum]

秋/冬 ●ウリ科

蔓性の茎に長い三角形の葉が互生する。雌雄同株で、葉の腋に数個の雄花と1個の雌花がつく。雌花は子房があるので区別できる。花は萼片と花弁が同じ形で、5つに深く裂けるため、花弁が10枚あるように見える。果実は緑色の楕円形で、ドングリのような形をしている。

花は黄緑色で葉腋につく▶

分　類：多年草
花　期：8～11月
草　丈：200cm
分　布：北海道～九州
漢字名：合器蔓
別　名：ヨメゴキ、ヨメガサラ

果実は長さ1.5cm

水辺に生えるので、アシなどの茎にからんでいる

花期
1
2
3
4
5
6
7
8
9
10
11
12

果実は熟すと横に裂け、椀の蓋が取れるように上半分が離れて種子が落ちます。実の形を合器という蓋つきの器に見立てたのが名の由来です。

スズメウリ
[Melothria japonica]

●ウリ科

蔓性の細い茎に、柄のある卵状三角形の軟らかい葉が互生する。巻きひげは分枝しない。雌雄同株。雄花も雌花も白い花で、同じ株の葉の腋に1つつく。花は深く5裂して星形に開く。球形の果実は緑から灰白色に熟し、長い柄にぶら下がる。

◀雄花（上）と子房をつけた雌花（下）

分 類：多年草
花 期：8〜9月
草 丈：100〜200cm
分 布：本州〜九州
漢字名：雀瓜

花期
1
2
3
4
5
6
7
8
9
10
11
12

巻きひげでほかの植物などにからんでいる

果実は直径1〜2cm

名の由来は、実がカラスウリ（p.248）より小さいから、スズメの卵に似ているから、あるいは可愛らしい鈴のような実だから「鈴女瓜」など、さまざま。

● ○　●シュウカイドウ科

シュウカイドウ
［Begonia evansiana］

秋／冬

長い花柄(かへい)を伸ばして淡紅色(たんこうしょく)の花をつける。はじめ大きな2枚の萼片(がくへん)と小さな2枚の花弁をもつ雄花が咲き、後から三角錐のような子房をもつ雌花が咲く。花後(かご)、葉腋(ようえき)に小さなムカゴがつき、地上部が枯死する頃に落ちて、翌年春に発芽する。

雄花は4弁花。小さな2枚が本当の花弁▶

分　類：多年草
花　期：8月中旬〜10月
草　丈：30〜60cm
分　布：本州以西（帰化植物）
漢字名：秋海棠
別　名：ヨウラクソウ

ムカゴ

シロバナシュウカイドウ

家の裏や半日陰の湿り気の多い場所で見かける

花期
1
2
3
4
5
6
7
8
9
10
11
12

中国、マレー半島原産。江戸時代に渡来しました。庭で栽培されていたものが、家の周りなどに野生化しています。

オオニシキソウ
[Euphorbia maculata]

●トウダイグサ科　○

紅色を帯びた茎がよく分枝して、直立するか斜めに立ち上がって高く伸びる。やや大形の長楕円形の葉が対生する。葉の裏面は粉白色で、表面にはふつう斑紋がない。葉の腋に杯状花序をつける。腺体の付属体が大きく、白い花のように見える。

◀球形のものはやがて果実になる部分

分　類：1年草
花　期：6～10月
草　丈：20～60cm
分　布：本州中部地方以西
　　　　（帰化植物）
漢字名：大錦草

葉の長さ 1.5～3.5cm

ニシキソウ

道端や荒地、畑の周りなど、どこででも見かける雑草

北アメリカ原産で、明治後期に渡来した帰化植物です。在来種のニシキソウに似ていて、なおかつ大形なのでこの名があります。

● トウダイグサ科

コニシキソウ
[Euphorbia supina Rafin.]

秋/冬

全体に白い毛が多く、切ると乳液が出る。淡紫色(たんししょく)の茎は二又に分かれ(は)ながら、地面を這うように四方に広がる。対生する長楕円形の小さな葉は濃緑色をして、一般に葉の表面の中央部に暗紫色の班紋(はんもん)が入る。暖地では10月以降も花が咲いている。

毛の多い花序(かじょ)が葉の腋(わき)につく▶

分　類：1年草
花　期：6～9月
草　丈：10～25cm
分　布：日本全土（帰化植物）
漢字名：小錦草

茎を切ると白い汁が出る

地を這って広がる

道端、公園、庭の隅、畑など、いたるところで見かける雑草

花期
1
2
3
4
5
6
7
8
9
10
11
12

　　北アメリカ原産の帰化植物です。明治中期以降に渡来したといわれ、今ではニシキソウより繁殖していて、人里でよく見かける雑草です。

オトコエシ

[Patrinia villosa]

●キク科

全体に白色の毛が密生している。太い茎が直立し、羽状に深く裂けた葉が対生する。裂片は幅が広く、1～2対ある。茎の先で分かれた枝にたくさんの白い小さな花をつける。根元から地表を這うランナーを出し、その先に子株をつくってふえる。

◀花は先が5裂して開き、径4mm

分 類：多年草
花 期：8～10月
草 丈：60～100cm
分 布：北海道～九州
漢字名：男郎花

葉は頭大羽状に裂ける

雑木林の中や草原、道端などで見かける

ランナーについた子株

オミナエシ（p.341）の仲間です。優しそうなオミナエシに比べて毛が多く、茎も太く、強そうな感じで、男性的に見えることが名の由来です。

●キク科

オミナエシ
[Patrinia scabiosaefolia]

秋/冬

秋の七草のひとつ。全体に毛が生えているが、オトコエシ（p.340）ほど多くはない。直立した茎に、羽状に深く裂けた葉が対生する。上部でよく分枝した枝先に、黄色の小さな花が群がって多数つく。ランナーを出さず、株の側に新苗ができる。

枝を分けて多数の花がつく▶

分　類：多年草
花　期：8〜10月
草　丈：60〜100cm
分　布：北海道〜九州
漢字名：女郎花
別　名：オミナメシ、アワバナ、ハイショウ

深く裂けた葉の裂片が細い

黄色い小さな花が集まって咲き、粟花の名もある

花期
1
2
3
4
5
6
7
8
9
10
11
12

花や根に醤油が腐敗したような独特の臭いがあることから、漢名は敗醤です。

アカネ
[Rubia akane]

●アカネ科

蔓性の茎は四角形。下向きの棘でほかのものに絡みつきながら長く伸びる。長卵形の葉は長い柄をもち、4枚が輪生状につくが、2枚は托葉が葉のような形に変化したものである。茎の先や葉の腋に小さな黄緑色の花を円錐状に多数つける。

◀花径3〜4mm。花の先は深く5裂する

分 類：多年草
花 期：8〜10月
草 丈：150〜200cm
分 布：本州〜九州
漢字名：茜

根を茜染めの染料に使う

林や薮、空き地、道端などでほかのものに絡みついている

葉は4枚輪生する

太いひげ状の根は古くから赤色の染料（茜染め）に利用されてきたほか、止血剤などの薬用にも使われています。

●○ ●キツネノマゴ科

キツネノマゴ
[Justicia procumbens var. leucantha]

秋/冬

全体に軟らかい白い毛が生えている。よく分枝する四角い茎が下部で倒れ、上部が斜めに立ちあがり、卵形の葉が対生する。茎の先や葉の腋に穂状に小さな花をつけ、次々と開いていく。花は唇形花で、上唇は浅く2裂し、下唇は3裂し紅色の斑点がある。

花は長さ8mmほどで、ふつう淡紫紅色▶

分 類：1年草
花 期：8～10月
草 丈：10～40cm
分 布：本州～九州
漢字名：狐の孫

葉は長さ4cm

キツネノヒマゴ

道端や空き地などの、日の当たる場所でよく見かける

花期
1
2
3
4
5
6
7
8
9
10
11
12

花穂がキツネの尻尾に似てなくもないですが、名の語源は不明です。葉が広卵形になるキツネノヒマゴが沖縄に分布しています。

343

ナンバンギセル

[Aeginetia indica]

● ハマウツボ科

ススキやサトウキビなどのイネ科の植物やミョウガなどの根に寄生する。茎のように見える花柄の先に、筒状のピンクの花を一つ開く。花茎には葉がつかない。花が開いたときのようすが、南蛮渡来の煙管（マドロス・パイプ）に似ているのが名の由来。

◀花の外側にある舟形のものは萼

分　類：1年草
花　期：7～9月
草　丈：15～20cm
分　布：日本全土
漢字名：南蛮煙管
別　名：オモイグサ

ススキなどの根から養分をもらって生育している

大型のオオナンバンギセル

花が横向き、あるいはややうつむき加減に咲き、思案しているような姿から、『万葉集』では思草の名で詠まれています。

●シソ科 **アキノタムラソウ**
[Salvia japonica]

秋／冬

四角い茎は上部で分枝して直立する。茎の先や上部の葉の腋に花穂を出し、淡紫色の唇形花が段状に輪生する。花は斜め上向きにつき、上唇にも下唇にも白い毛がある。対生する葉は小葉が3〜7枚つく奇数羽状複葉。下部の葉は長い柄がある。

葉は羽状複葉で対生する▶

分　類：多年草
花　期：7〜11月
草　丈：20〜80cm
分　布：本州〜沖縄
漢字名：秋の田村草

花は長い穂になって下から咲く 　　林の中などで、細長い花穂に清楚な花をつけている

花期
1
2
3
4
5
6
7
8
9
10
11
12

花壇などで栽培しているサルビアの仲間です。名の意味は不明ですが、ナツノタムラソウやハルノタムラソウなどもあります。

345

ツリフネソウ
[Impatiens textori]

●ツリフネソウ科

茎は直立してよく分枝し、節が膨らんで赤みを帯びる。葉の腋から伸ばした花茎に紅紫色の花を数個つける。花の後ろは細い距になり、先がくるりと巻いている。細い紡錘形の実は、熟すと果皮が裂けて種子を飛ばす。黄花のキツリフネもある。

◀花が横向きに花柄にぶら下がる

分類：1年草
花期：8〜10月
草丈：50〜80cm
分布：北海道〜九州
漢字名：釣舟草

幼苗

本種はホウセンカの仲間。花もホウセンカに似ている

キツリフネ

細長い花柄を釣り糸に、そこにぶら下がって咲く花を帆掛け舟に見立てて、釣舟草といいます。

ゲンノショウコ
[Geranium thunbergii]

●フウロソウ科

秋/冬

茎の下部は地面を這い、上部が斜めに立ち上がり、手のひら状に切れ込んだ葉が互生する。花は東日本では白花、西日本では赤花が多い。種子が飛んで、5枚の果皮が上に巻き上がった実の形が神輿の屋根に似ているので、ミコシグサとも呼ばれる。

花弁は5枚、雄しべが10個ある▶

分 類：多年草
花 期：7～10月
草 丈：30～60cm
分 布：北海道～九州
漢字名：現の証拠
別 名：ミコシグサ、イシャイラズ

斑点がある根生葉

種子を飛ばした実

古くから薬草として利用され、身近で見かける

花期
1
2
3
4
5
6
7
8
9
10
11
12

名は「現の証拠」の意味。下痢止めの民間薬で、飲めばたちまち薬効が現れるというところから名付けられました。

クズ

[Pueraria lobata]

●マメ科

秋の七草のひとつ。蔓性の茎ははじめ長い剛毛があり、ほかのものに絡みつくか地面を這って長く伸びる。互生する葉は3枚の小葉がつく複葉で、裏面に白い毛が密生している。葉腋につく花は蝶形花で穂状に密について、下から咲いていく。

◀花は甘い香りを放って咲く

分　類	多年草
花　期	8～9月
草　丈	5～20m
分　布	日本全土
漢字名	葛
別　名	ウラミグサ、カッコン

葉の裏は白い

他の物を覆うほど繁殖力が強く、害草になっている

褐色の毛に覆われた豆果

クズは『万葉集』をはじめ多くの詩歌に登場します。葉の裏面が白くて目立つことから「裏見草」とも呼びます。

●マメ科

ツルマメ
[Glycine soja]

秋/冬

全体に褐色の毛が密生していて、触るとざらざらする。蔓性の茎はほかの植物に絡まりながら長く伸び、3枚の小葉をつけた葉が互生する。葉の腋から短い花柄を出し、先に紅紫色の小さな蝶形花を数個つける。花後、ダイズに似た豆果が実る。

蝶形花は長さ5〜8mm▶

分 類：1年草
花 期：8〜10月
草 丈：100〜300cm
分 布：北海道〜九州
漢字名：蔓豆

3枚の小葉は狭卵形

豆果は狭楕円円形で毛がある

日当たりの良い道端や野原でふつうに見かける

花期
1
2
3
4
5
6
7
8
9
10
11
12

ダイズの原種で、古代から食用にされていました。学名（種小名）の soja は醤油（syoyu）に由来した言葉です。

349

ヌスビトハギ

[Desmodium oxyphyllum]

●マメ科

茎は分枝して直立し、3枚の小葉をつけた複葉がまばらに互生する。葉の腋から長い花序を伸ばして蝶形花をまばらにつけ、花後に中央がくびれた平たい豆果がつく。よく似て、豆果が3〜5個にくびれるアレチヌスビトハギは、北アメリカ原産の帰化植物。

◀花は蝶形花で長さ4mm

分　類：多年草
花　期：7〜9月
草　丈：60〜120cm
分　布：日本全土
漢字名：盗人萩

豆果は1節ずつに分かれる

道端や林縁、薮などを歩くと衣服に実がくっつく

アレチヌスビトハギ

花がハギに似て、種子と種子の間がくびれて2節になった豆果の形が、忍び足で歩いた盗人の足跡に似ているのが名の由来という説があります。

● マメ科

フジカンゾウ
[Desmodium oldhamii]

秋/冬

全体に毛がまばらに生えて、触れるとざらざらする。葉は、小葉が5〜7枚つく奇数羽状複葉で、互生する。茎の先や葉の腋から長い穂状の花序を出し、淡紅色の花をつける。豆果はヌスビトハギ (p.350) 同様2節果だが、節の間のくびれが深い。

花は蝶形花で、長さ8〜10mm ▶

分 類：多年草
花 期：8〜9月
草 丈：50〜150cm
分 布：本州〜九州
漢字名：藤甘草

豆果の柄は6〜7mmと長い

小葉が2〜3対つく

この実も衣服などによくついて運ばれる

花期
1
2
3
4
5
6
7
8
9
10
11
12

穂状になった花を藤に、葉を甘味料や薬用に利用する栽培種の甘草に見立てて、藤甘草といいます。

ヤブマメ

[Amphicarpaea edgeworthii var. japonica]

●マメ科

細い蔓性（つるせい）の茎がほかの植物に巻きついて伸び、長い柄をもつ3枚の小葉（しょうよう）をつけた葉が互生する。葉の腋に柄を出し、蝶形花（ちょうけいか）が数個かたまってつく。花後、豆果（かご）をつけるが、花が咲かないで実をつける閉鎖花（へいさか）が地中にできるため、地中にも豆が実る。

◀よく目立つ旗弁の色が濃い

分　類：1年草
花　期：8〜11月
草　丈：100〜150cm
分　布：北海道〜九州
漢字名：藪豆
別　名：ギンマメ

小葉は広卵形（こうらんけい）

花期
1
2
3
4
5
6
7
8
9
10
11
12

全体に黄褐色の毛が生えていて、藪などに絡みついている　　地中にできた豆

地中に閉鎖花をつけ、結実するユニークな植物です。地中にできる実は1つだけですが、淡い桃色で、地上の豆より大きくなります。

●バラ科

キンミズヒキ
[Agrimonia pilosa]

秋/冬

全体に長い軟毛が密生している。葉は互生し、5～9枚の大小不揃いの小葉からなる奇数羽状複葉。細い花穂に黄色の小さな5弁花がついて下から咲く。萼片の縁にかぎ状の棘が多く、実が熟すとこの棘が衣類や動物の体にくっついて運ばれる。

花は10～20cmの細い花穂に多数つく▶

分　類：多年草
花　期：7～10月
草　丈：30～100cm
分　布：北海道～九州
漢字名：金水引

果実に鉤形の棘がある

葉は羽状複葉

実が衣類などにつき、取るのに苦労する

花期
1
2
3
4
5
6
7
8
9
10
11
12

タデ科のミズヒキのような細長い花序に、黄色の花をつけることが名の由来です。

ワレモコウ
[Sanguisorba officinalis]

● バラ科

分枝した茎の先に暗紅紫色で楕円形の花穂をつける。花穂は小さな花が集まったもので、花弁がなく、4枚の萼片が花弁のように見える。花穂の先端から咲きはじめる。葉は柄が長く、小葉が5〜11枚つく奇数羽状複葉。揉むとスイカに似た香りがする。

◀花は上から下へと開花する

分　類：多年草
花　期：7〜10月
草　丈：50〜120cm
分　布：北海道〜九州
漢字名：吾亦紅、吾木香

かつては道端でもよく見かけたが、現在は少なくなった

小葉が5〜11枚つく

寂しげなひっそりとしたたたずまいが好まれ、茶花などによく使われる秋の名花。『源氏物語』や『徒然草』などに登場します。

● キンポウゲ科

シュウメイギク

[Anemone hupehensis var. japonica]

秋/冬

かつて京都の貴船山に多く見られたことから貴船菊の別名がある。地下茎が長く伸び、株全体に白く軟らかい毛がある。根生葉は3出複葉で、長い柄がある。茎の上部で分枝し、枝の先に1つずつ花を開く。花弁に見えるのは萼片で20枚以上ある。

◀シロバナシュウメイギク

分 類：多年草
花 期：9～11月
草 丈：20～30cm
分 布：本州～九州
漢字名：秋明菊
別 名：キブネギク

茎葉は3～5裂して対生

キクのような花を秋に咲かせるので、秋明菊と書く

花期
1
2
3
4
5
6
7
8
9
10
11
12

古くに中国から渡来したものが野生化したといわれ、人里に近いところでは見かけますが、深い山中では自生状態のものはありません。

センニンソウ

[Clematis terniflora]

● キンポウゲ科

茎の下部は木質化して、冬でも枯れない。葉は、光沢のある厚い小葉がふつう5枚つく羽状複葉で、対生する。枝先や葉の腋に純白の花が多数つく。花弁に見えるのは4枚の萼で、糸状の雄しべがよく目立つ。仲間のボタンヅルもよく見かける。

◀ 花は上を向いて平らに開く

分　類：多年草
花　期：7〜10月
草　丈：3〜4m
分　布：日本全土
漢字名：仙人草
別　名：ウシクワズ、ウマクワズ

花期
1
2
3
4
5
6
7
8
9
10
11
12

日当たりの良い道端や畑の周り、草地などで見かける

小葉は卵形で鋸歯がない

ボタンヅルは小葉が3枚

花が終わると雌しべの花柱が伸び出し、銀白色の長い毛が密生します。名は、その様子を仙人のひげや白髪に見立てたという説があります。

カワラナデシコ

●ナデシコ科
[Dianthus superbus var. longicalycinus]

秋/冬

秋の七草のひとつで、一般にナデシコと呼ばれて親しまれている。全体に粉白色を帯びた緑色。上部で分枝(ぶんし)した茎に、線状披針形(せんじょうひしんけい)の葉が対生(たいせい)する。花は淡紅紫色(たんこうししょく)の5弁花で、花弁の先が糸状に細かく切れ込んで美しい。まれに白花も見かける。

花径(かけい)は4〜6cm。花色は濃淡がある▶

分　類	多年草
花　期	7〜10月
草　丈	30〜100cm
分　布	本州〜九州
漢字名	川（河）原撫子
別　名	ナデシコ、ヤマトナデシコ

花弁の基部(きぶ)は細い

日当たりの良い河原や草地に生えるほか、庭で栽培もされる

花期
1
2
3
4
5
6
7
8
9
10
11
12

『万葉集』には26首も詠まれていて、種子をまいて育てる歌もあり、当時から栽培されています。

アオゲイトウ

[Amaranthus retroflexus L.]

●ヒユ科

短い軟毛がある茎がすっと立ち上がり、長い柄のある細長い菱形の葉が互生する。短くて太い緑色の花穂を、茎の先や葉の腋に出し、全体が円錐状になる。花穂には雌花と雄花が混じって密につく。よく似たホソアオゲイトウは花穂が長く伸びる。

◀茎の先につく花穂は直立する

分　類：1年草
花　期：7〜10月
草　丈：50〜100cm
分　布：ほぼ日本全土
　　　　（帰化植物）
漢字名：青鶏頭

葉は菱状卵形

ケイトウの仲間で、花穂が緑色なのでこの名がある

ホソアオゲイトウ

アオゲイトウは北アメリカ原産、ホソアオゲイトウは熱帯アメリカ原産の帰化植物。市街地で多く見かけるのはホソアオゲイトウです。

●ヒユ科

イヌビユ
[Amaranthus lividus L.]

秋／冬

みずみずしくて軟らかな茎がやや地を這い、分枝して斜めに立ち上がる。菱形でしわの多い葉が互生する。花は葉腋ではかたまってつき、枝の先では太く短い穂になる。花穂に小さな雄花と雌花が密につき、ずっと緑色をしているが、褐色に変わるアオビユもよく見かける。

花穂は実になっても緑を保つ▶

分　類：1年草
花　期：7〜10月
草　丈：30〜70cm
分　布：日本全土（帰化植物）
漢字名：犬莧
別　名：ノビユ、オトコヒョウ

葉の先が凹むのが特徴

アオビユ。別名ホナガイヌビユ　　畑や市街地の道端、荒地でよく見かける雑草

花期
1
2
3
4
5
6
7
8
9
10
11
12

中国野菜のヒユナの仲間ですが、あまり役に立たないことから名に「犬」が冠されています。しかし、若い葉や軟らかい茎先は食用になります。

359

秋／冬

ノゲイトウ
[Celosia argentea L.]

●ヒユ科

全体に無毛。直立した円柱形の茎に披針形(ひしんけい)の葉が互生(ごせい)する。枝先に細長い花穂(かすい)をつける。花穂の柄は長い。花が開くと花穂の一部が膨(ふく)れたように見え、咲き終わったものから順に銀白色に変化し、ピンクと白のグラデーションになって美しい。

◀ 花穂は長さ5〜8cm

分 類：1年草
花 期：7〜10月
草 丈：30〜100cm
分 布：本州西部〜沖縄
　　　 （帰化植物）
漢字名：野鶏頭

花期
1
2
3
4
5
6
7
8
9
10
11
12

暖地の道端や畑などに野生化し、群生(ぐんせい)することもある

葉は先が尖った披針形

インド原産といわれ、古い時代に渡来し、暖地で野生化しています。観賞用のケイトウの原種ではないかといわれています。

ザクロソウ

[Mollugo pentaphylla L.]

秋/冬

●ザクロソウ科

全体に無毛。細い茎が根際からよく分枝して広がり、各節に光沢のある葉が3～5枚ずつ輪生(りんせい)するようにつく。枝先に小さな花がまばらに咲く。5枚の萼片(がくへん)が花弁のように見える。葉の腋(わき)に、花が数個集まって咲くクルマバザクロソウは帰化植物。

◀花は花弁がなく、午前中だけ咲く

分　類：1年草
花　期：7～10月
草　丈：10～25cm
分　布：本州～九州
漢字名：柘榴草

小さな株も花が咲く

クルマバザクロソウ

道端や庭、畑で見かける雑草。発芽するとすぐに花が咲く

花期
1
2
3
4
5
6
7
8
9
10
11
12

　光沢のある葉が果樹のザクロを思わせるのが名の由来です。クルマバザクロソウは、熱帯アメリカ原産。市街地の空き地などで見かけます。

アカザ

[Chenopodium album var. centrorubrum]

●アカザ科

若芽の部分が赤い粉をまぶしたように紅色を帯びるのが特徴。太い茎がよく分枝し、柄のある三角状卵形の葉が互生する。葉の裏面は白い粉に覆われてさらさらした手触りがある。茎や枝の先に多くの花穂を出し、黄緑色の小さな花を多数つける。

◀花に花弁はなく、5枚の萼片がある

分　類：1年草
花　期：8〜10月
草　丈：1〜1.5m
分　布：日本全土
漢字名：藜

道端や畑、空き地など人家付近に生える雑草

若い葉の表面に赤い粉がある

古い時代に中国から伝来し、食用に栽培したものが野性化したようです。若い葉を食用に、太い茎は乾燥させて杖をつくります。

秋/冬

シロザ。若い葉の表面に白い粉があり、アカザのような赤みを帯びない。アカザより多く見かけるが、人里から離れた場所では少ない

シロザの花序。小さな花が葉の腋や枝先から出た花軸に密集してつき、短い円錐状の花序をつくる。花序はアカザよりほっそりしている

マルバアカザ。海岸の砂地に生える。直立する茎に多肉質の葉が互生する。5〜10月に、枝先に穂状に小さな花が密集して咲く

コアカザ。全体に小形。葉は、幅が狭い長卵形で切れ込みがある。裏面は白色を帯びるが、アカザやシロザのような粉はない。初夏に花をつける

アキノウナギツカミ
[Persicaria sieboldi]

●タデ科

四角い茎は下向きの細かい棘(とげ)があり、よく分枝(ぶんし)して四方に広がる。茎の下部は長く地面を這(は)い、上部は棘でほかのものに絡まりながら立ち上がる。葉は披針形(ひしんけい)で、裏面の中央脈と葉柄(ようへい)に棘があり、互生(ごせい)する。花は枝の先に球状に集まってつく。

◀花は上部がピンクで下部が白い

分　類：1年草
花　期：8〜10月
草　丈：1m内外
分　布：北海道〜九州
漢字名：秋の鰻攫み
別　名：アキノウナギヅル

水辺に生える。茎が地面を這い一面に広がる

葉の基部(きぶ)が茎より突き出る

鋭い棘が並んでついている茎を使えばウナギもつかめる、というのが名の由来で、秋に花が咲くので、この名があります。

●タデ科

サクラタデ
[Persicaria conspicua]

秋/冬

根茎を地中に長く伸ばして繁殖する。直立する茎に、やや厚みのある披針形の葉が互生する。細長い花穂にやや密に花をつけ、ふつう花穂の上部が垂れ下がる。よく似て白花をつけるシロバナサクラタデは、花つきがよく、花穂の先が垂れ下がる。

5裂して花弁のように見えるのは萼▶

分　類：多年草
花　期：8〜10月
草　丈：50〜100cm
分　布：本州〜沖縄
漢字名：桜蓼

披針形の葉が互生する

シロバナサクラタデ

日当たりのよい水辺や休耕田などに群生する

花期
1
2
3
4
5
6
7
8
9
10
11
12

タデの中では花が大きく、色も形もサクラを思わせるのが名の由来。シロバナサクラタデは、サクラタデの白花種ではなく、別種です。

365

イヌタデ
[Persicaria longisetum]

● タデ科

食用になるヤナギタデ（p.367）に似ているのに、葉に辛味がなく、薬味に使えず、役に立たないという意味で、名に「犬」を冠している。枝分かれした茎の先に小さな花が穂状に多数つく。花穂は直立するか、斜めに立ち、あまり垂れ下がらない。

◀花弁がなく、5裂する萼片（がくへん）が紅色

分　類：1年草
花　期：6〜11月
草　丈：20〜50cm
分　布：日本全土
漢字名：犬蓼
別　名：アカマンマ

若い苗

道端ややや湿り気のある草地などに群生（ぐんせい）している

シロバナイヌタデ

実も萼と同じ色をしています。昔の子どもはこの花や実を赤飯（せきはん）に見立てて、ままごと遊びに使ったことから、アカマンマの名もあります。

●タデ科

ヤナギタデ
[Persicaria hydropiper]

秋/冬

葉がヤナギの葉に似ていることが名の由来。葉に辛味があり、栽培もされて古くから食用に利用されている。茎は直立して枝を分け、披針形(ひしんけい)の細い葉が互生(ごせい)する。茎の先や葉の腋(わき)に穂状に小さな目立たない花をつける。花穂(かすい)は細くて先が垂れ下がる。

萼(がく)は黄緑色で先が赤みを帯びる▶

分　類：1年草
花　期：7〜10月
草　丈：40〜60cm
分　布：日本全土
漢字名：柳蓼
別　名：マタデ、ホンタデ

葉の両端が尖る

鞘状(さや)の托葉(たくよう)は筒型

田の畦(あぜ)や水路のわきなどの湿地でふつうに見かける

花期
1
2
3
4
5
6
7
8
9
10
11
12

香辛料としてタデ酢や刺し身のツマなどに使われます。「蓼(たで)食う虫も好き好き」といわれる蓼はこのヤナギタデのことです。

367

ママコノシリヌグイ

[Persicaria senticosa]

●タデ科

全体に下向きの棘がある。蔓状の茎は上部では緑色、下部では赤みを帯び、棘でほかのものに引っかかりながら広がる。枝先に小さな花が集まり、金平糖のような形になって咲く。紅色の萼が花弁のように見える。花はソバの花に似ていて、トゲソバの名もある。

◀花の上部は紅色で下部は白色

分　類：１年草
花　期：５〜10月
草　丈：１〜２m
分　布：日本全土
漢字名：継子の尻拭い
別　名：ヨメノシリヌグイ

茎に生える下向きの棘

花期が長く、やや湿った草地や道端で見かける

葉は互生する

名は、棘のある茎で継子の尻を拭く草という意味。葉柄や茎に著しい棘があることから連想した悪名高い名前です。

●タデ科

ヤノネグサ

[Persicaria nipponensis]

秋/冬

細い茎は角ばらず、目立たない小さな下向きの棘がある。茎の下部は倒れて横に広がり、上部は斜めに立ち上がる。短い柄をもった卵形の葉が互生する。花は枝先に十数個塊になってつく。ピンクの花弁のように見えるのは萼片で、花弁はない。

葉の基部は左右が一直線に切れている▶

分　類：1年草
花　期：9〜10月
草　丈：50cm内外
分　布：北海道〜九州
漢字名：矢の根草

総状花序に花がつく

鞘状の托葉は筒型で長い

水辺や湿地に生え、秋には紅葉も見られる

花期
1
2
3
4
5
6
7
8
9
10
11
12

名は、葉の形を矢の根（矢じり）に見立てたものです。

369

ツルドクダミ
[Pleuropterus multiflorus]

●タデ科

地下に塊茎(かいけい)ができる。蔓性(つるせい)の茎が分枝(ぶんし)して長く伸び、ほかの植物を覆って繁茂する。やや厚みのある濃緑色の葉は、卵状ハート形で長い柄がある。葉の腋(わき)に円錐状(えんすい)に多数の小さな花をつける。花は花弁がなく、萼(がく)が深く5裂して花弁のように見える。

◀微小な花が密集して咲く

分　類：多年草
花　期：8〜10月
草　丈：1〜2m
分　布：本州〜九州（帰化植物）
漢字名：蔓蕎草
別　名：カシュウ

葉は互生(ごせい)する

空き地や道路沿いの植え込みなどで雑草化している

塊茎(かいけい)

中国原産で、江戸時代に薬草として導入され、幕府直轄の駒場御薬園(こまばおやくえん)に植えられたことから、今でも東京周辺に多く野生化しています。

○　●ヒガンバナ科

タマスダレ
[Zephyranthes candida]

秋／冬

南アメリカ原産の球根植物。明治初期に園芸用に導入されたものが、逃げ出して暖地では半ば野生化している。一茎一花で、純白の6弁花が上を向いて咲く。日当たりがよいと大きく開くが、日陰では半開し、夜は閉じる。2、3日で花が枯れる。

花径は4〜5cm▶

分　類	多年草
花　期	7〜10月
草　丈	20〜30cm
分　布	主に関東以西（帰化植物）
漢字名	玉簾
別　名	ゼフィランサス・カンディダ

細い葉に白い花が映える

丈夫でよくふえ、雑草に混じって野生化している

花期
1
2
3
4
5
6
7
8
9
10
11
12

線状で肉厚の葉が集まっている様を簾に見立て、花の白さを玉にたとえて、玉簾と名付けられたのではないかといわれています。

371

ヒガンバナ

[Lycoris radiata]

●ヒガンバナ科

秋の彼岸の頃に花が咲くので、この名がある。真っ直ぐに立ち上がる花茎（かけい）に、真っ赤な花が輪状につく。細い線形の花びらが強く反り返り、6本の雄しべと雌しべが長く突き出るのが特徴。花が終わった後に葉が伸び出し、冬を越して春に枯れる。

◀数個の花が輪生（りんせい）して大きな花になる

分　類：多年草
花　期：9～10月
草　丈：30～50cm
分　布：日本全土
漢字名：彼岸花
別　名：マンジュシャゲ

越冬している葉

田の畔道（あぜみち）や土手を赤く染めて、日本の秋を彩る

シロバナマンジュシャゲ

🔸 シロバナマンジュシャゲは、ヒガンバナとショウキズイセン（黄色の花を咲かせる）との雑種。ヒガンバナほど花弁が強く反り返りません。

●ユリ科 **キチジョウソウ**
[Reineckea carnea]

秋/冬

線形の葉が根元から束になって出る。葉の間から葉より短い花茎を立ち上げ、淡紅紫色の小さな花を穂状に密につける。花は、6枚の花びらが反り返って、上向きに開く。花後、紅紫色の球形の実を結ぶ。実は年を越しても落ちずに残る。

花は6本の雄しべが飛び出して目立つ▶

分 類：キジカクシ科（ユリ科）
花 期：9〜10月
草 丈：10〜30cm
分 布：本州（関東以西）〜九州
漢字名：吉祥草

葉は根生し、常緑

林の中などで見かけるほか、観賞用に栽培もされる

花期
1
2
3
4
5
6
7
8
9
10
11
12

植えている家に吉事があると花を開くという言い伝えから、名付けられました。

ツルボ

[Scilla scilloides]

● キジカクシ科（ユリ科）

あまり似ていないが、園芸植物のシラーの仲間。線形の葉が春と秋に2回出る。春に出た葉は夏に枯れ、初秋に再び葉が出るとすぐに花茎が伸びだし、先端に淡紫色の小さな花を穂状につける。花は横向きにつき、下から順に咲いていく。

◀ 花穂の長さは4〜7cm

分　類：多年草
花　期：8〜9月
草　丈：20〜40cm
分　布：日本全土
漢字名：蔓穂
別　名：スルボ、サンダイガサ

春に出た葉

鱗茎でふえるので、群生することも多い

シロバナツルボ

花期：8、9

別名の参内傘は、花穂の形が、参内傘をすぼめたときの形に似ていることから。参内傘は宮中に参上する貴人にお供の者が差しかける柄の長い傘のことです。

● キジカクシ科（ユリ科）

ヤブラン
[Liriope platyphylla]

秋／冬

常緑で光沢のある線形（せんけい）の葉はすべて根元から出て、株立ちになる。葉の間から花茎（かけい）を出し、淡紫色（たんししょく）の小さな花を穂状に多数つける。花茎は30〜50cmの高さになり、1株から数本立ち上がる。花後に、黒く光沢のある実のような種子（かご）をつける。

花は晩夏から次々と咲く▶

分　類：多年草
花　期：8〜10月
草　丈：30〜50cm
分　布：本州〜沖縄
漢字名：薮蘭

黒く熟した実（種子）

林の中で見かけるほか、観賞用にも栽培される

花期
1
2
3
4
5
6
7
8
9
10
11
12

藪（やぶ）に生え、束になって根元から出る葉がシュンランの葉に似ていることから、この名があります。

375

コナギ

[Monochoria vaginalis var. plantaginea]

●ミズアオイ科

水草で、水田の雑草になっている。多汁質(たじゅうしつ)の短い茎が数本群がって出て、それぞれの茎に艶のある厚い葉が1枚ずつつく。葉柄の基部から葉より短い花序(かじょ)を出し、数個の青紫色(せいししょく)の花をつける。花が終わると花茎(かけい)が基部から曲がって下向きになる。

◀花径 1.5〜2cm、花びらが6枚ある

分　類：1年草
花　期：9〜10月
草　丈：5〜25cm
分　布：本州〜沖縄
漢字名：小菜葱
別　名：ササナギ

花序が短く、葉の上に出て花が咲くことはない

卵心形(らんしんけい)の葉もある

名の菜葱(なぎ)はミズアオイ(p.377)の古名で、ミズアオイに似て小形であることが名の由来です。万葉時代から親しまれています。

◉ミズアオイ科

ミズアオイ
[Monochoria korsakowii]

秋/冬

全体に無毛で軟らか。葉は厚く、光沢がある濃緑色で、先が尖ったハート形。長い柄があり、基部は鞘状に広がる。葉よりも高く花茎を伸ばし、先端に青紫色の花を多数咲かせる。楕円形の花被片が6枚あり、各片ともほぼ同じ大きさである。花は一日花。

花は葉よりも高い位置で咲く▶

分 類：1年草
花 期：9〜10月
草 丈：20〜40cm
分 布：日本全土
漢字名：水葵

葉は艶のあるハート形

『万葉集』にも登場する水草。近年は激減している

花期
1
2
3
4
5
6
7
8
9
10
11
12

古名を菜葱といい、昔はこの葉を食用にしました。水中に生え、艶があるハート形の葉がカンアオイに似ているので、この名があります。

377

カヤツリグサ
[Cyperus microiria Steud.]

●カヤツリグサ科

茎は三角柱で節がなく、縦に裂ける性質がある。根元にかたまって立つ茎の基部(きぶ)に線形(せんけい)の葉が1～3枚つく。茎の先の葉のような長い苞葉(ほうよう)の間から長短不同の細い枝を出し、それぞれの枝に黄褐色の花穂をまばらにつける。花序(かじょ)の枝が少ないコゴメガヤツリもある。

◀小穂(しょうすい)は線形で軸に斜めに開いてつく

分　類：1年草
花　期：8～10月
草　丈：20～60cm
分　布：本州～九州
漢字名：蚊帳吊草

道端や畑、田の畦(あぜ)、空き地などいたるところで見かける雑草　　コゴメガヤツリ

子どもが2人で茎の両端から同時に裂いて蚊帳(かや)を吊ったような四角形をつくって遊んだことからこの名前があります。

●カヤツリグサ科

ハマスゲ
[Cyperus rotundus]

秋／冬

細長い地下茎を横に伸ばし、先端に塊茎をつくって繁殖する。除去しにくい厄介な雑草なので畑では嫌われている。光沢のある葉が数枚、根元から群がって出る。細い三角柱の茎を立ち上げ、茎の先端に数本の枝を出し、それぞれに赤褐色の線形の小穂をつける。

花穂はやや光沢のある赤茶色▶

分　類：多年草
花　期：7〜10月
草　丈：10〜40cm
分　布：本州〜沖縄
漢字名：浜菅
別　名：コウブシ

線形の葉は深緑色

海岸はもちろん、公園や道路の隙間にも生えている

花期
1
2
3
4
5
6
7
8
9
10
11
12

海の近くの日当たりのよい砂地に多く生えることが名の由来です。地下茎につく塊茎を香附子と呼び、漢方で薬用にされます。

ヒデリコ

[Fimbristylis miliacea]

秋/冬

●カヤツリグサ科

全体に無毛。アヤメの葉のような扁平な葉が根元から出て、左右2列に並んで扇状に広がり、扁平な茎が葉よりも上に出て直立する。分枝した花序の枝の先に、小さな茶色のまるい小穂が多数花火のように散らばってつく。花序より短い棘状の苞葉が数枚つく。

◀卵円形の小穂は小さく、長さ3mm前後

分　類：1年草
花　期：7〜10月
草　丈：10〜40cm
分　布：本州〜沖縄
漢字名：日照子

アヤメを小さくしたような葉をつけ、水田などで群生する

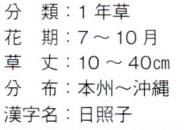

果期は小穂の色が濃くなる

名は「日照り子」から。日照り子の「子」は「苗」という意味で、夏の日照りにも負けずに繁茂するのが名の由来です。

● カヤツリグサ科 **ヒンジガヤツリ**
[Lipocarpha microcephala]

秋/冬

全体に小形で緑白色をして無毛。細い線形(せんけい)で軟らかな葉が根元から群がって立ち、その中から多数の細い茎が伸び、葉よりも高く立ち上がる。茎の先に卵円形の小穂(しょうすい)をふつう3個つける。花穂の下についた2枚の長く伸びた苞葉(ほうよう)は、花序(かじょ)より上に出ない。

小穂は通常3個。4～5個つくこともある▶

分　類：1年草
花　期：8～10月
草　丈：5～30cm
分　布：本州～九州
漢字名：品字蚊帳吊(しなじかやつ)り

葉は根生(こんせい)し、茎の基部(きぶ)に少数つく

卵形(らんけい)の小穂をかたまってつける水田の雑草

花期
1
2
3
4
5
6
7
8
9
10
11
12

楕円形の小穂が3個集まっている姿が、漢字の「品」という字に似ているので「品字蚊帳吊(しなじかやつ)り」という名前になりました。

381

秋/冬

エノコログサ
[Setaria viridis]

●イネ科

細い茎はよく枝分かれして下部で倒れ、上部は直立する。線形の葉は鮮緑色で、基部に長い葉鞘があり、互生する。茎の先に円柱状で緑色の花穂をつける。花穂は直立するか、またはやや垂れる。小穂は密につき、タネが熟しても剛毛が残るのが特徴。

◀花穂は緑色の円柱形で長さ3〜6cm

分 類：1年草
花 期：8〜11月
草 丈：50〜80cm
分 布：日本全土
漢字名：狗尾草、犬子草
別 名：ネコジャラシ

花期
1
2
3
4
5
6
7
8
9
10
11
12

街なかの道路沿いでも見かける、よく知られる野草

葉は長さ10〜20cm

名は、花穂が狗（＝小犬）の尻尾に似ているためにつけられました。また、この穂でネコをじゃらして遊ぶことから、ネコジャラシとも呼んでいます。

秋/冬

キンエノコロ。金色に輝く花穂(かすい)を、エノコログサより遅れて出す。花穂は長さ3〜10cm。剛毛は黄金色。葉は長い線形(せんけい)で、やや青みがかった緑色

ムラサキエノコログサ。エノコログサの変種。やや小形でほっそりしている。花穂は細く、長さ3〜6cmで、紫色を帯びた剛毛に覆われて、全体が紫褐色に見える

アキノエノコログサ。全体がやや大形。花期は遅く、9月頃に穂を出す。花穂は緑色、あるいは紫色で長さ5〜12cm。長い穂の先がすべて垂れ下がる

コツブキンエノコロ。花穂は長さ8〜15cm。キンエノコロによく似ているが、剛毛が紫色がかった黄色で、花穂が細長い。小穂(しょうすい)が短いことから小粒(こつぶ)の名がある

オギ
[Miscanthus sacchariflorus]

秋/冬

●イネ科

地下茎(ちかけい)を長く伸ばして群落をつくるが、茎が1本ずつ出るため、ススキ（p.385）のような株立ちにはならない。茎の先に多数の小穂(しょうすい)をつけた大きな花穂(かすい)をつける。小穂の基部(きぶ)に銀白色の軟らかな長い毛が密生するので、穂がススキよりふさふさしている。

◀小穂の基部の毛は銀白色。芒(のぎ)が無い

分　類：多年草
花　期：9〜10月
草　丈：100〜250㎝
分　布：北海道〜九州
漢字名：荻
別　名：オギヨシ

秋が深まると、銀白色の毛が風になびいて美しい

葉はざらつき、互生(ごせい)する

花期
1
2
3
4
5
6
7
8
9
10
11
12

『万葉集』や『源氏物語』にも登場します。乾燥する場所を好むススキ（p.385）に対して、湿地や沼地でよく見かけます。

●イネ科

ススキ
[Miscanthus sinensis]

秋/冬

秋の七草のひとつ。地下茎を短く伸ばし、茎が群がって出て大きな株をつくる。葉は細長い線形で、縁がざらつき中央の脈が白く目立つ。茎の先に大きな花穂をつけ、十数本の枝を放射状に出して隙間無く小穂をつける。小穂の先から長い芒が突き出るのが特徴。

小穂の白い毛は小穂と同じ長さ。芒がある▶

分 類	多年草
花 期	8～10月
草 丈	100～200cm
分 布	日本全土
漢字名	芒、薄
別 名	カヤ、オバナ

花穂は長さ20～30cm

「カヤ」と呼んで、かつては屋根を葺く材料に使われた

花期
1
2
3
4
5
6
7
8
9
10
11
12

風にゆらぐ姿が獣の尻尾に似ていることから尾花の古名があります。十五夜のお月見にも欠かせません。

385

オヒシバ

[Eleusine indica]

●イネ科

扁平な茎が基部で分枝し、低く這って広がるが、節から根を出さずに直立するか、斜めに立ち上がる。線形の葉は鮮緑色で、茎と同じように丈夫。茎の先に、放射状に枝分かれする緑色の花穂をつける。小穂は枝の片側に2列に並んでびっしりとついている。

◀花序の枝は幅が太く、小穂が片側に密生する

分　類：1年草
花　期：8〜10月
草　丈：30〜60cm
分　布：本州〜沖縄
漢字名：雄日芝
別　名：チカラグサ

花期
1
2
3
4
5
6
7
8
9
10
11
12

踏まれても強く、株は引き抜きにくく、全体にたくましい

茎の先に数本の枝穂が出る

雌日芝（p.387）に比べて茎や葉がより力強くて、穂も大きく、強そうなことから、雄日芝といいます。

メヒシバ
[Digitaria cilialis (Retz.) Koel.]

●イネ科

秋／冬

根元から分枝した茎は基部が地を這い、節から根を出して広がるため、引き抜きにくい厄介な雑草。線形の葉は薄くて軟らか。茎の先に細い花序の枝が数本出て放射状に広がる。小穂は淡緑色または紫色を帯びる。アキメヒシバはメヒシバより少し遅れて穂が出る。

枝穂は細くざらざらしている▶

分 類：1年草
花 期：7〜11月
草 丈：40〜70cm
分 布：日本全土
漢字名：雌日芝
別 名：メシバ、ハグサ

幼苗

アキメヒシバ

畑や荒地に群生する雑草

花期
1
2
3
4
5
6
7
8
9
10
11
12

雄日芝（p.386）に比べてやさしい感じなので雌日芝といいます。「日芝」は夏の日差しにも負けず元気に育つことからついたものです。

コブナグサ
[Arthraxon hispidus]

●イネ科

細い茎が下部でよく分枝して地面を這い、上部は立ち上がる。茎の先から3〜10に枝分かれした花序を放射状に出す。花序は淡緑色または紫色を帯びる。先が尖った卵形の葉の基部はハート形で茎を抱く。この葉を小さいフナに見立てて、小鮒草の名がある。

◀花穂の長さ3〜6cm。紫や淡緑色を帯びる

分 類：1年草
花 期：9〜11月
草 丈：20〜50cm
分 布：日本全土
漢字名：富小鮒草
別 名：カイナグサ、アシイ

茎が節で折れ曲がる様子から腕草や脚藺の別名もある

葉は卵形で互生する

八丈島ではハチジョウカリヤスと呼んで、絹織物の黄八丈を染める染料にしています。

チカラシバ
[Pennisetum alopecuroides]

●イネ科

秋/冬

硬くて長い線形の葉が根元に群がって生え、大株になる。株の中から何本も茎を立ち上げ、暗紫色の円柱形の花穂をつける。剛毛に覆われた花穂は、ビンを洗うブラシのような形。小穂は種子が熟すと剛毛とともに脱落して、衣服や動物の体について運ばれる。

花穂は長さ 10～15cm。剛毛がある ▶

分　類：多年草
花　期：8～11月
草　丈：50～80cm
分　布：日本全土
漢字名：力芝
別　名：ミチシバ、ロウオソウ

濃緑色の葉は根生

剛毛をつけた果実

道端や草地に生えるが、舗装された道路ででは見かけない

花期
1
2
3
4
5
6
7
8
9
10
11
12

根が強く張っているために、なかなか引き抜けないことが名の由来。踏み固められた道端に多いため「道芝」、花穂の様子から「狼尾草」などの別名もあります。

389

チヂミザサ
[Oplismenus undulatifolius]

●イネ科

茎は節から根を出して地を這い、分枝して上部が立ち上がる。深緑色の葉は披針形で軟らかく、両面に長い毛が生える。穂状花序に短い枝が出て、多数の小穂が密集してつく。小穂は緑色で、小さな雌しべの下に雄しべがぶら下がり、芒がある小花をつける。

◀ブラシ状の雌しべの下に雄しべが下がる

分　類：多年草
花　期：8〜10月
草　丈：10〜30cm
分　布：日本全土
漢字名：縮み笹

葉の長さは7cm前後

野原を歩くと、タネが衣服につく厄介な草のひとつ

小穂に長い芒がある

葉がササの葉に似ていて、縁が上下に軽く波打って、縮れているのが名の由来です。

●イネ科

メリケンカルカヤ
[Andropogon virginicus]

秋/冬

硬い茎が直立し、株立ちになって群生する。線形の葉は中央で縦に2つ折りとなり、長い鞘になって茎を包む。葉鞘の縁には白い綿毛が多数生える。葉腋から穂を出し、全体に穂をつける。小穂の根元に白い毛が多数あり、その綿毛が風に乗ってタネが散布される。

小穂がついた軸に白い長毛がある▶

- 分 類：多年草
- 花 期：9〜10月
- 草 丈：50〜100cm
- 分 布：関東以西（帰化植物）
- 漢字名：米利堅刈萱

道端や荒地で見かける

秋は全体が赤褐色。タネを飛ばした後も直立している

花期
1
2
3
4
5
6
7
8
9
10
11
12

北アメリカ原産の帰化植物で、1940年代に渡来し、日当たりのよい空き地などに広がり、現在は要注意外来生物に指定されています。

ヨシ
[Phragmites communis]

●イネ科

地下茎が泥中を長く這って群生する。直立する茎は枝分かれせず、広線形の長い葉が2列に互生する。茎の先に大きな円錐形の花序を出し、多数の小穂をつける。小穂に2〜4個の小花がつき、紫色から次第に紫褐色に変わる。小花の基部に長い白毛がある。

◀花穂は紫色から紫褐色に変わる

分　類：多年草
花　期：8〜10月
草　丈：150〜300cm
分　布：日本全土
漢字名：葦
別　名：アシ

葉は長さ20〜50cm

茎は葦簀や簾などに利用され、『万葉集』にも多く詠まれている

水辺に突き出る若芽

もともとの名はアシですが、アシは「悪し」に通じるので、ヨシの名が一般的。豊葦原瑞穂国と称されるように、アシはイネと共に日本の象徴とされます。

●キク科

イソギク
[Chrysanthemum pacificum]

秋/冬

茎が根元から出て、下部で曲がって斜めに立ち上がる。上部に厚手の葉が密に互生する。葉は、上部が羽状に浅く裂けるものが多く、表面は緑色、縁と裏面は毛が密生して銀白色。茎の先に筒状花だけがついた、小さな黄色の花が多数集まって上を向いて咲く。

径5～6mmの小さい頭花が密集して咲く▶

分　類：多年草
花　期：10～12月
草　丈：20～40cm
分　布：千葉県～静岡県、伊豆諸島
漢字名：磯菊
別　名：キラクサ

葉は倒披針形で白く縁取られる

葉の裏面に毛が密生する

江戸時代から庭に植えられて観賞されている

花期
1
2
3
4
5
6
7
8
9
10
11
12

日本の固有種です。海岸の崖などに群生しているので、磯菊といいます。

393

カワラヨモギ

[Artemisia capillaris]

●キク科

茎は下部が木質化し、よく分枝して直立する。花がつかない茎は短く、羽状に裂け、白い毛に覆われた葉をロゼット状に広げるが、花時は枯れている。花茎につく葉も羽状に裂ける。茎の上部で枝を分け、大きな円錐状の花序になって、小さな頭花を密につける。

◀頭花は卵形で直径1.5〜2㎜

分　類：多年草
花　期：9〜10月
草　丈：30〜100㎝
分　布：本州〜沖縄
漢字名：河原蓬

石がごろごろしているような河原や海岸の砂地に生える　　ロゼット状の葉

名は、「河原に生えるヨモギ」の意味です。ヨモギの仲間は、虫を誘う必要がない風媒花をつけるので、頭花が小さく、開花しても地味で目立ちません。

●キク科

ツワブキ
[Farfugium japonicum]

秋／冬

太く短い根茎(こんけい)から、長い柄をもつ根生葉(こんせいよう)が伸び出す。芽吹き始めた頃は葉が内側に巻き込まれ、灰褐色の綿毛に覆われる。生長とともに毛がなくなり、厚く光沢のある腎臓状円形の葉になる。晩秋から冬にかけて、太い円柱形の花茎(かけい)の先に、鮮黄色の頭花(とうか)を多数開く。

頭花は直径5cm。舌状花(ぜつじょうか)が1列に並ぶ▶

分　類	多年草
花　期	10月中旬～12月
草　丈	15～70cm
分　布	本州（石川、福島県以西）～沖縄
漢字名	富貴草
別　名	ツヤブキ、イシブキ

常緑の葉の表面は深緑色

光沢のある厚い葉は、潮風や乾燥に耐えるのに役立つ

花期
1
2
3
4
5
6
7
8
9
10
11
12

　名は、フキに似た光沢のある葉をつけるので、ツヤブキがなまってツワブキになったといわれています。単にツワとも呼んでいます。

395

ノジギク

[Chrysanthemum japonense]

●キク科

地下茎を伸ばしてふえる。茎の基部は倒れ、上部は斜めに立ち上がり、よく枝を分ける。広卵形の葉は羽状に3～5裂し、裏面に灰白色の毛が密生する。枝の先に多数の頭花をつける。白色の舌状花はのちに淡紅色に変わる。変種のアシズリノジギクもある。

◀頭花は4cm前後。白い舌状花が1列に並ぶ

分　類：多年草
花　期：10～11月
草　丈：60～90cm
分　布：四国、九州
漢字名：野路菊

葉は柄があって互生する

海沿いの崖などに生育するが、近年は数が減っている

アシズリノジギク

名は、野の道端に生えるキクの意。発見者の牧野富太郎博士によって付けられました。栽培種のコギクのような雰囲気があり観賞用に植栽されています。

●キク科

メナモミ
[Siegesbeckia pubescens]

秋/冬

全体に白毛が密生する。直立する茎に左右対称に枝を出し、卵状円形の葉が対生する。頭花の付け根にある5枚の総苞片が大きく開いて、花を飾るようにつく。総苞片からねばねばした液を出し、粘液とともに実が衣服や動物の毛について運ばれる。

目立たないが8枚内外の舌状花がある▶

分　類：1年草
花　期：9〜10月
草　丈：60〜120cm
分　布：北海道〜九州
漢字名：雌なもみ

葉は3本の葉脈が目立つ　　茎にも葉にも毛が生え、ビロードのような手触り

花期
1
2
3
4
5
6
7
8
9
10
11
12

オナモミ（p.319）に比べてやさしい姿から、雌ナモミといいます。「なもみ」は、離れずにくっつくという意味の「なずむ」が転じた、という説があります。

秋/冬

アワコガネギク
[Chrysanthemum boreale]

●キク科

茎は下のほうでは倒れ、上部で立ち上がり、多数の枝を出す。葉は互生し、羽状に深く裂けた広卵形で、裏面には軟毛がある。細い枝の先に花が密集してつくので、花の重みで茎が傾き、林縁や斜面などを覆うように咲く。頭花は舌状花も筒状花も黄色。

◀頭花は1.5cm、花後、下を向く

分　類：多年草
花　期：10〜11月
草　丈：100〜150cm
分　布：本州〜九州
漢字名：泡黄金菊
別　名：キクタニギク

花期
1
2
3
4
5
6
7
8
9
10
11
12

明るい林縁や斜面などに生えるが、準絶滅危惧種

葉は黄緑色。栽培種のキクに似る

黄金色の小さな花が泡のように密集して咲く姿から、牧野富太郎博士が命名しました。京都の自生地、菊渓にちなんで、菊渓菊の別名があります。

398

● キク科

ユウガギク
[Kalimeris pinnatifida]

秋/冬

地下茎が横に這ってふえる。硬い茎が直立してよく分枝する。長楕円形の薄い葉は、浅く裂けるか羽状に切れ込んで互生する。分枝した枝の先に頭花を1つずつつけるので、花数が多い。頭花の舌状花はほぼ白色だが、やや淡紫色を帯びるものもある。

頭花は花径2.5cm。枝先に多数咲く▶

分　類：多年草
花　期：7〜10月
草　丈：40〜150cm
分　布：本州
　　　　（近畿地方以北）
漢字名：柚香菊

葉は先が尖った長楕円形で互生

ほとんど冠毛がない実

道端で見かける。若い苗はヨメナ（p.332）同様、食用になる

花期
1
2
3
4
5
6
7
8
9
10
11
12

✎ 名は、漢字名「柚香菊」の通り、「ユズの香りがするキク」の意味ですが、実際にはほとんど香りはなく、花をつぶすと、かすかにユズの香りがします。

399

ヨモギ

[Artemisia princeps]

●キク科

地下茎を長く伸ばして群生する。茎は群がって出て直立し、多数の枝が分かれて小さな頭花をつける。頭花は長楕円状鐘形で、筒状花のみ。葉は羽状に深く裂け、裏面に綿毛が密生して灰白色。全体が綿毛に覆われたロゼット状の根生葉は花時には枯れている。

◀小さな頭花は直径1.5mm、下を向いて咲く

分　類：多年草
花　期：9〜10月
草　丈：50〜120cm
分　布：本州〜九州
漢字名：蓬
別　名：モチグサ、カズサヨモギ

道端などで見かける。花時には草丈が1mにもなる

羽状に裂けた葉の裏は灰白色

葉に特有の香りがあり、モチグサと呼んで早春に若葉を摘んで草もちに入れられます。また、葉裏の綿毛は灸に用いる艾に使われました。

●キク科

リュウノウギク
[Chrysanthemum makinoi]

秋/冬

細い茎が垂れ下がるように生え、まばらに分枝した枝の先に頭花を1つずつつける。白い花は秋が深まると淡紅色を帯びる。卵形の厚い葉はふつう浅く3裂し、粗い鋸歯がある。葉の表面は濃い緑色、裏には灰白色の毛が密生する。茎や葉に特有の香気がある。

頭花は径2.5〜5cm、枝先に1つ開く▶

分 類：多年草
花 期：10〜11月
草 丈：30〜80cm
分 布：本州（福島県・新潟県以西）〜九州
漢字名：竜脳菊

葉は3裂して互生する

日本固有種。茎が細く、枝数が少なくほっそりした草姿

花期
1
2
3
4
5
6
7
8
9
10
11
12

茎や葉を軽く揉むとツーンと強い香りがします。この香りが香料の竜脳に似ているのが名の由来。民間では肩こりや腰痛に乾燥した茎葉を浴湯剤として用います。

401

アメリカイヌホオズキ
[Solanum ptychanthum]

●ナス科

細い茎はよく分枝して横に広がり、ほぼ無毛で薄い長卵形の葉が互生する。2～5個の花が柄の先につき、星形に開く。球形の果実は緑色から光沢のある黒色に熟す。イヌホウズキ（p.403）と違って、果実は果軸の先に1箇所にまとまって、傘を開いたようにつく。

◀花の先が深く5裂して開く

分 類：1年草
花 期：8～11月
草 丈：40～80cm
分 布：ほぼ日本全土
　　　　（帰化植物）
漢字名：亜米利加犬酸漿

果実は軸にまとまってつく

細い花軸が茎の途中から出て、淡紫色や白色の花をつける

葉は薄く幅がやや狭い

北アメリカ原産の帰化植物で、1950年頃に渡来し、広い範囲に広がっています。今ではイヌホウズキより多く見かけます。

イヌホオズキ
[Solanum nigrum]

●ナス科

秋/冬

茎は斜めに立ち上がり、よく分枝して広がる。広卵形（こうらんけい）の葉が互生（ごせい）して、茎の途中の節間からやや総状（じょ）に花序を出し、数個の白い花が下を向いて咲き、花びらは反り返る。花後、緑色から熟すと黒くなる球形の果実（ご）が、柄（か）が1本ずつずれながら軸に並ぶようにつく。

花の先が5裂して開く。裂片（れっぺん）の先が尖る▶

分　類：1年草
花　期：8〜11月
草　丈：20〜60cm
分　布：日本全土
漢字名：犬酸漿

果実は軸に並ぶようにつく

広卵形の葉の縁が波打つ

茎の節と節の間から柄を出し、花をやや総状につける

花期
1
2
3
4
5
6
7
8
9
10
11
12

漢方にも使われますが有毒植物です。古い時代に帰化したといわれています。名は、ホオズキに似ていますが、役に立たないので「犬」を冠しています。

秋/冬

センナリホオズキ
●ナス科
[Physalis angulata L.]

直立する茎は上部でよく分枝して横に広がる。広卵形の葉の腋に、花冠の底部が紫黒色に染まる淡黄色の花を1つずつ、下向きにつける。次々に咲いてたくさんの果実をつける。果実は球形で、やや角ばった袋状の萼に包まれる。萼は果実が熟しても緑色のまま。

◀花は直径8㎜、正面から見ると5角形

分 類：1年草
花 期：8〜10月
草 丈：20〜50㎝
分 布：北海道を除く各地
　　　　（帰化植物）
漢字名：千成酸漿

花期
1
2
3
4
5
6
7
8
9
10
11
12

熱帯アメリカ原産の帰化植物。畑や道端などで見かける

果実はやや5角形に角ばる

かつては、東京・浅草の浅草寺のホオズキ市で売られていましたが、果実が赤くなるホオズキのほうが人気で、今では見なくなりました。

●ヒルガオ科

ネナシカズラ
[Cuscuta japonica]

秋/冬

葉緑素をもたない寄生植物。地上に芽を出したときは根があるが、ほかの植物に巻きつくと根がなくなり、蔓性の茎から寄生根を出して養分や水を吸収して生長する。葉は退化してこまかな鱗片状。長さ数ミリの小さな白い花が穂状に多数集まり、茎の途中につく。

花は釣り鐘形。先が5裂して開く▶

分 類：1年草
花 期：8〜10月
草 丈：蔓性
分 布：日本全土
漢字名：根無葛

蔓に紫褐色の斑点がある

薮や草むらで、紐状の蔓でほかの植物にからみついている

花期
1
2
3
4
5
6
7
8
9
10
11
12

寄生植物で、ヨモギやクズ、ススキなどの草や低木に巻き付きます。近年は蔓が黄色のアメリカネナシカズラがはびこり、要注意外来種になっています。

カレンジュラ '冬知らず'
[Calendula arvensis] ●キク科

冬に咲く一重(ひとえ)のキンセンカ。寒さに強く、戸外で雪にも霜にも耐えて咲くことから、'冬知らず'と名付けられた。よく分枝(ぶんし)して輝くような黄色の花が晩秋から次々と咲く。花は日が射すと開き、夕方に閉じる。こぼれたタネでふえるので、各地で半野生化している。

◀花径(かけい)2cmほどの一重咲き

分　類：1年草
花　期：10〜5月
草　丈：10〜30cm
分　布：ほぼ日本全土（園芸種）
別　名：キンセンカ、
　　　　ポットマリーゴールド

耐寒性が強く、よく発芽して道端や空き地などで見かける　　葉は楕円形で短毛がある

ヨーロッパ原産で、古くから栽培されてホンキンセンカと呼ばれているアルベンシス種の一品種です。冬中、花を咲かせています。

●キク科

セイタカアワダチソウ
[Solidago altissima]

秋/冬

全体に短い剛毛があってざらつく。長い地下茎を伸ばして群落をつくる。直立する茎に線状長楕円形の厚い葉が互生する。茎の上部に多くの小枝を出し、黄色の小さな花を多数つけ、全体で大きな円錐花序になる。果実期は穂全体が泡立つように見える。

花は枝の上だけに片寄ってつく▶

- 分　類：多年草
- 花　期：10～11月
- 草　丈：80～250cm
- 分　布：ほぼ日本全土（帰化植物）
- 漢字名：背高泡立草
- 別　名：セイタカアキノキリンソウ

ロゼット状に葉を広げる幼苗 　　土手や荒地に大群落をつくる、たくましい帰化植物

花期
1
2
3
4
5
6
7
8
9
10
11
12

北アメリカ原産地。上部の横に広がる枝に、黄色い花がびっしりとつくことから、アメリカではゴールデン・ロッド（黄金の鞭）と呼びます。

407

コラム

春を待つ野草の冬の姿

　冬の野草の様子を見ることも、散歩の楽しみです。本書の最後に、野草たちが冬を越している姿を集めてみました。地面に張り付いて寒さに耐え、春を待つけなげな姿を見ると、また訪れてくる春への希望をもつことができます。

　なお、冬を越した野草たちのその後の姿は→のページでご確認ください。

オニノゲシ→ p.50
根生葉は羽状に深く裂け、先が鋭い棘になり触れると痛い。光沢がある

キツネアザミ→ p.126
根生葉がきれいなロゼット状に広がる。羽状に深く裂けた葉は鋸歯がない

エゾノギシギシ→ p.215
根生葉は大きくて幅が広く、中央の脈が赤みを帯びる。ロゼットは大形

キュウリグサ→ p.20
根生葉は卵円形で、葉柄と葉脈が赤みを帯びる。根生葉は密に出る

オオイヌノフグリ→ p.14
根元から分枝して、広卵形の葉が柄について芽生えの頃は対生している

クサノオウ→ p.98
軟らかな根生葉は羽状に細かく切れ込み、縁も不揃いに切れ込んでいる

コラム

コウゾリナ→ p.49
根生葉は倒披針形で大きく、中央の脈が赤みを帯び、縁に細かい鋸歯がある

ツメクサ→ p.35
葉は先が尖った針形で、やや肉厚で緑色。全体に無毛で地を這うように広がる

コナスビ→ p.135
茎は枝分かれして地面を這い、広卵形の葉が対生する。寒さで葉が赤みを帯びる

ナガミヒナゲシ→ p.31
根生葉は羽状に深く裂ける。長い葉柄は紫色を帯び、全体に白い毛が密生する

スイバ→ p.106
長楕円形の葉は基部が矢じり形。根生葉は長い柄がある。多くは寒さで葉が赤く染まる

ナズナ→ p.29
根生葉は羽状に裂け葉柄が紫色を帯びる。暖かい場所では冬でも蕾をつけている

チチコグサモドキ→ p.11
根生葉はへら形で基部に向けて細くなる。葉の裏面はより白い。株元で分枝する

ノボロギク→ p.12
葉は厚みがある小さな広線形。暖地では1年中、花をつけた株を見かける

コラム

ハコベ→ p.38
葉は先の尖った卵形で、縁は滑らか。全体に軟らかで、厳寒期でも緑の葉をつける

ホトケノザ→ p.19
赤みを帯びた茎が根元で多数分枝し、円形の葉が長い柄の先につく。上部の葉は無柄

ヒメオドリコソウ→ p.18
葉は卵円形で、網目状の脈が目立つ。下部の葉は柄が長く、全体に毛が密生する

メマツヨイグサ→ p.181
根生葉は密につきロゼットは大形。細長い楕円形の葉に斑紋があり、寒さで赤みを帯びる

ヒメジョオン→ p.148
根生葉は長い柄がはっきりとわかり、幅が広くほぼ円形。花時にはなくなる

ヤエムグラ→ p.153
茎は四角形で細かい棘があり、よく分枝し、線形の葉が6〜8枚輪生する

ヘビイチゴ→ p.88
葉は長い柄の先に3枚の小葉がつく。小葉は卵形〜倒卵形。茎が地面を這う

アカバナユウゲショウ→ p.179
根生葉は卵状披針形で長い柄をもつ。葉柄は赤みを帯びる。羽状に切れ込む葉もある

さくいん

●——太字は各ページのタイトル種、細字は別名などです。

ア

アオイカズラ	168
アオカモジグサ	242
アオゲイトウ	**358**
アオバナ	238
アカカタバミ	187
アカザ	**362**
アカツメクサ	**194**
アカネ	342
アカバナ	**255**
アカバナセイヨウノコギリソウ	147
アカバナユウゲショウ	179・410
アカマンマ	366
アキザクラ	295
アキタブキ	13
アキノウナギツカミ	364
アキノウナギヅル	364
アキノエノコログサ	383
アキノキリンソウ	**312**
アキノタムラソウ	345
アキノノゲシ	**313**
アキレア	147
アサザ	**171**
アサツキ	**120**
アシ	392
アシイ	388
アシズリノジギク	396
アジュガ	17
アズキナ	201
アゼガラシ	90
アゼトウガラシ	158
アゼナ	159
アゼムシロ	152
アマチャヅル	**333**
アマドコロ	**121**
アマナ	**45**
アミガサソウ	261
アメフリバナ	150・151・166・167
アメリカアゼナ	159
アメリカアリタソウ	272
アメリカイヌホオズキ	**402**
アメリカオニアザミ	**144**
アメリカスミレサイシン	75
アメリカセンダングサ	**314**
アメリカチョウセンアサガオ	161
アメリカフウロ	**190**
アメリカマンネングサ	89
アメリカヤマゴボウ	212
アヤメ	**224**
アヤメグサ	139
アリアケスミレ	77
アレチウリ	**334**
アレチギシギシ	215
アレチジシャ	246
アレチヌスビトハギ	350
アレチノギク	**316**
アレチマツヨイグサ	181
アワコガネギク	**398**
アワダチソウ	312
アワバナ	341

イ

イガオナモミ	319
イシブキ	395
イシミカワ	**305**
イシャイラズ	347
イズイ	121
イソギク	**393**
イタドリ	**274**
イトネギ	120
イヌガラシ	90
イヌキクイモ	320
イヌゴマ	**163**
イヌシダ	125
イヌタデ	**366**
イヌナズナ	**28**
イヌビエ	**286**
イヌビユ	**359**
イヌホオズキ	**403**
イヌムギ	**117**
イノコズチ	**302**
イノモトソウ	**124**
イフェイオン	123
イボクサ	98・307
イボトリグサ	307
イモカタバミ	**188**
イワトユリ	233
イワニガナ	55

ウ

ウォーター・ヒアシンス	310
ウォーター・マッシュルーム	137
ウシクワズ	356
ウシノヒタイ	277
ウシハコベ	**108**
ウツボグサ	**164**
ウバユリ	232
ウマクワズ	356
ウマゴヤシ	24
ウマゼリ	177
ウマノアシガタ	**102**
ウマビユ	211
ウラシマソウ	**40**
ウラジロチチコグサ	**48**
ウラミグサ	348
ウリクサ	**160**

エ

エイザンユリ	235
エゾノギシギシ	215・408
エゾノソバナ	258
エノキグサ	**261**
エノコログサ	**382**
エビラハギ	200
エミクサ	121
エリゲロン	63

オ

オオアマナ	122
オオアラセイトウ	97
オオアレチノギク	**317**
オオイタドリ	275
オオイヌタデ	**213**
オオイヌノフグリ	**14・408**
オオオナモミ	319
オオキンケイギク	**145**
オオケタデ	**276**
オオジシバリ	**54**
オオチドメ	137
オーチャード・グラス	287
オオニシキソウ	**338**
オーニソガラム・ウンベラータム	122
オオバイノモトソウ	124
オオバコ	**154**
オオバジャノヒゲ	283
オオハルシャギク	**295**
オオフサモ	**178**
オオブタクサ	**292**
オオムラサキツユクサ	239
オカトラノオ	**172**
オギ	**384**
オギョウ	59
オギヨシ	384
オグルマ	**146**
オシロイバナ	**217**
オッタチカタバミ	**186**
オトギリソウ	**184**
オトコエシ	**340**
オトコチチコ	127
オトコヒョウ	359
オドリコソウ	**67**
オナモミ	**318**
オニタビラコ	**10**
オニドコロ	**230**
オニナスビ	162
オニノゲシ	**50・408**
オニノシコグサ	296
オニバス	**269**
オニユリ	**282**
オノマンネングサ	207
オバナ	385
オヒシバ	**386**
オヘビイチゴ	**202**

411

オミナエシ	341	キクイモ	320	ゲンノショウコ	347
オミナメシ	341	キクタニギク	398	ゲンペイコギク	63
オモイグサ	344	**キクモ**	**299**	**■コ**	
オモダカ	**291**	ギシギシ	214	コアオイ	193
オヤブジラミ	72	キジムシロ	86	コアカザ	363
オランダガラシ	92	キショウブ	226	ゴイッシングサ	329
オランダゲンゲ	195	キチジョウソウ	373	ゴウシュウアリタソウ	273
オランダフウロ	191	キッショウソウ	80	**コウゾリナ**	**49・409**
オランダミミナグサ	109	キツネアザミ	126・408	コウブシ	379
■カ		キツネノカミソリ	280	コウボウソウ	16
カイナグサ	388	キツネノヒマゴ	343	**コウボウムギ**	**115**
カオヨバナ	225	**キツネノボタン**	**32**	コウホネ	208
ガガイモ	**254**	キツネノマゴ	343	コーンフラワー	64
カガミグサ	187	キツリフネ	346	コガマ	223
カキツバタ	**225**	**キバナコスモス**	**294**	ゴキヅル	335
カキドオシ	68	キバナツメクサ	199	ギョウ	59
カコソウ	164	キブネギク	355	コゴメイヌノフグリ	15
カシュウ	370	**キュウリグサ**	**20・408**	コゴメガヤツリ	378
ガショウソウ	104	キュウリナ	20	コゴメツメクサ	199
カズサヨモギ	400	キラクサ	393	コジウ	205
カスマグサ	**25**	キランソウ	16	コスズメガヤ	244
カゼクサ	**241**	キリンソウ	312	**コスモス**	**295**
カセンソウ	146	キンエノコロ	383	**コセンダングサ**	**315**
カタカゴ	46	キンケイギク	145	コゾウナカセ	35
カタクリ	**46**	キンセンカ	406	コチョウカ	119
カタシログサ	219	キンポウゲ	102	コツブキンエノコロ	383
カタバミ	**187**	ギンマメ	352	コナギ	376
カッコン	348	**キンミズヒキ**	**353**	コナスビ	135・409
カナムグラ	279	ギンリョウソウ	174	**コニシキソウ**	**339**
ガマ	**222**	**■ク**		コハコベ	38
カミソリナ	49	クサエンジュ	198	**コバノタツナミ**	**69**
カモガヤ	**287**	**クサネム**	**264**	コハマギク	328
カモジグサ	242	**クサノオウ**	**98・408**	**コバンソウ**	**140**
カヤ	385	クサフジ	196	コヒルガオ	166
カヤツリグサ	378	クズ	348	**コブナグサ**	**388**
カラシナ	95	クスダマツメクサ	199	コマチソウ	210
カラスウリ	**248**	クチナイチゴ	88	**コマツナギ**	**265**
カラスノエンドウ	26	クビジンソウ	100	コマツヨイグサ	181
カラスビシャク	240	クララ	198	**コミカンソウ**	**262**
カラスムギ	243	クルマバザクロソウ	361	コメツブツメクサ	199
カレンデュラ '冬知らず'	406	クルマバマンネングサ	89	コモチマンネングサ	138
カワラケツメイ	263	クレソン	92	コンギク	325
カワラサイコ	**203**	クローバー	195	コンペイトウグサ	32
カワラナデシコ	357	クロコスミア	229	**■サ**	
カワラヨモギ	394	クワクサ	278	サオトメカズラ	250
カンイタドリ	105	クワモドキ	292	サギゴケ	134
カンガレイ	285	クンショウグサ	153	サギシバ	134
カンサイタンポポ	57	**グンバイナズナ**	**93**	サギノシリサシ	285
カントウタンポポ	57	グンバイヒルガオ	168	**サクラソウ**	**71**
カントウヨメナ	332	**■ケ**		**サクラタデ**	**365**
カントリソウ	68	**ケアリタソウ**	**272**	ブクロソウ	361
カンナ	**221**	ケイヌビエ	286	ササナギ	376
■キ		ケキツネノボタン	32	**サワオグルマ**	**52**
キカラスウリ	249	ケシアザミ	51	サンガイグサ	19
キキョウカタバミ	189	**ケチョウセンアサガオ**	**161**	**センカクイ**	**285**
キキョウソウ	**149**	ゲンゲ	84	センジソウ	271

サンダイガサ	374	スギナ・ツクシ	47	タネヒリグサ	324
■シ		スジテッポウユリ	234	タビラコ	20
シオン	**296**	スズガヤ	141	タマズサ	248
ジゴクノカマノフタ	16	**ススキ**	**385**	**タマスダレ**	**371**
ジジババ	39	スズフリバナ	79	タムシグサ	98
ジシバリ	55	スズメウリ	336	タワラムギ	140
シナガワハギ	**200**	スズメノエンドウ	27	ダンダンギキョウ	149
ジネンジョ	231	**スズメノカタビラ**	**42**	ダンディライオン	56
シバイモ	118	**スズメノテッポウ**	**43**	ダンドク	221
シャーレーポピー	100	スズメノヒエ	118	**ダンドボロギク**	**323**
シャガ	**119**	スズメノマクラ	43	**タンポポ**	**56**
シャスタ・デージー	62	スズメヤリ	118	タンポポモドキ	61
ジャノヒゲ	**283**	**スベリヒユ**	**211**	**■チ**	
シャミセングサ	29	スマフサモ	178	**チガヤ**	**116**
シュウカイドウ	**337**	**スミレ**	**76**	チカラグサ	386
ジュウニヒトエ	**17**	スモウトリバナ	76・154	**チカラシバ**	**389**
シュウメイギク	**355**	スルボ	374	チチグサ	56
ジュウヤク	218	**■セ**		**チチコグサ**	**127**
ジュズダマ	**288**	セイタカアキノキリンソウ	407	**チチコグサモドキ**	**11・409**
シュンラン	39	**セイタカアワダチソウ**	**407**	**チチミザサ**	**390**
ショウブ	**139**	セイタカウコギ	314	**チドメグサ**	**136**
ショカツサイ	97	**セイバンモロコシ**	**289**	チャヒキグサ	243
シラン	**113**	**セイヨウアブラナ**	**94**	チャンバギク	268
シロザ	363	セイヨウオニアザミ	144	**チョウジタデ**	**301**
シロツメクサ	**195**	**セイヨウカラシナ**	**95**	チョウセンアサガオ	161
シロネジバナ	220	セイヨウタンポポ	56・57	チョウチンバナ	150・151
シロバナアカツメクサ	194	**セイヨウノコギリソウ**	**147**	チョロギダマシ	163
白花アヤメ	224	**セイヨウミヤコグサ**	**82**	**■ツ**	
シロバナイヌタデ	366	**セキショウ**	**41**	ツキクサ	238
シロバナウツボグサ	164	セッチュウカ	44	ツキミソウ	181
シロバナガガイモ	254	**ゼニアオイ**	**193**	ツクシンボウ	47
シロバナカラスノエンドウ	26	ゼフィランサス・カンディダ	371	ツタガラクサ	132
シロバナサクラタデ	365	**セリ**	**176**	ツタバウンラン	132
シロバナシナガワハギ	200	**セリバヒエンソウ**	**103**	ツヅミグサ	56
シロバナシュウカイドウ	337	センナリホオズキ	404	ツバナ	116
シロバナシュウメイギク	355	**センニンソウ**	**356**	ツボスミレ	77
シロバナシラン	**113**	**センボンヤリ**	**53**	ツボミオオバコ	155
シロバナタンポポ	57	**■タ**		**ツメクサ**	**35・409**
シロバナツルボ	374	耐寒マツバギク	112	ツヤブキ	395
シロバナニガナ	129	**ダイコンソウ**	**204**	**ツユクサ**	**238**
シロバナヒメオドリコソウ	18	タイヌビエ	286	**ツリガネソウ**	**298**
シロバナマンジュシャゲ	372	タイワンユリ	234	**ツリガネニンジン**	**298**
シロバナマンテマ	209	**タウコギ**	**322**	**ツリフネソウ**	**346**
シロバナミゾソバ	277	タカサゴユリ	234	ツルギキョウ	74
シロボウエンゴサク	**99**	**タカサブロウ**	**245**	**ツルドクダミ**	**370**
シロヨモギ	**321**	タカノツメ	35	**ツルナ**	**111**
新テッポウユリ	234	タガラシ	30	ツルニガナ	54
シンワスレナグサ	**70**	**タガラシ**	**33**	**ツルニチニチソウ**	**74**
■ス		**タケニグサ**	**268**	ツルボ	374
スイバ	**106・409**	タゴボウ	301	**ツルマメ**	**349**
スイバナ	67	タチイヌノフグリ	15	**ツルマンネングサ**	**206**
スイモノグサ	187	タチオオバコ	155	**ツワブキ**	**395**
スカシタゴボウ	**91**	タチツボスミレ	77	**■テ**	
スカシユリ	**233**	タツナミソウ	69	**テツドウグサ**	**148・329**
スカンポ	106・274	ダツラ	161	**デロスペルマ**	**112**
		タネツケバナ	**30**	テンガイユリ	282

413

■ト

トウダイグサ	79
トウタデ	276
トウバナ	165
トウミギ	288
トキワハゼ	133
トキンソウ	324
ドクイチゴ	88
ドクゼリ	177
ドクダミ	218
ドクダメ	218
トゲチシャ	246
トコロ	230
トトキ	298
トモエソウ	185
トラデスカンチア	239
ドングイ	274
ドンドバナ	228

■ナ

ナガエコミカンソウ	262
ナガバギシギシ	215
ナガミヒナゲシ	31・409
ナズナ	29・409
ナツズイセン	309
ナツノチャヒキ	242
ナデシコ	357
ナノハナ	94・95
ナヨクサフジ	197
ナルコユリ	121
ナンキンアヤメ	227
ナンテンハギ	201
ナンバンギセル	344

■ニ

ニガナ	128
ニシキミヤコグサ	83
ニホンサクラソウ	71
ニホンズイセン	44
ニョイスミレ	77
ニリンソウ	104
ニワゼキショウ	227
ニワタバコ	300
ニワホコリ	290
ニワヤナギ	216

■ヌ

ヌスビトハギ	350
ヌマトラノオ	173
ヌマフサモ	178

■ネ

ネコノシラシ	382
ネコノシタ	247
ネジバナ	220
ネナシカズラ	405
ネムチャ	263

■ノ

ノアザミ	130
ノウルシ	22
ノガラシ	90
ノカンゾウ	236
ノキシノブ	25
ノゲイトウ	360
ノゲシ	51
ノコギリソウ	47
ノコンギク	325
ノジギク	396
ノジスミレ	77
ノシラン	284
ノチドメ	137
ノニガナ	129
ノハナショウブ	228
ノハラアザミ	326
ノビユ	359
ノビル	142
ノブドウ	259
ノボロギク	12・439
ノミノツヅリ	36
ノミノフスマ	37

■ハ

バーバスカム	300
ハイジシバリ	55
ハイショウ	341
ハエトリナデシコ	210
バカゼリ	177
ハキダメギク	327
ハグサ	337
ハコベ	38・410
ハゼラン	271
ハタケアサガオ	166・167
ハチノジグサ	306
ハッカ	252
ハツユリ	46
ハナイバナ	21
ハナグワイ	291
ハナジュンサイ	171
ハナダイコン	97
ハナニガナ	129
ハナニラ	123
ハナビグサ	271
ハナヒリグサ	324
ハハコグサ	59
ハブテコブラ	276
ハマエンドウ	81
ハマオモト	281
ハマギク	328
ハマグルマ	247
ハマスゲ	379
ハマダイコン	96
ハマヂシャ	111
ハマナ	111
ハマナデシコ	270
ハマニガナ	129
ハマヒルガオ	168
ハマユウ	281

ハルジオン	60
ハルジョオン	60
ハルノノゲシ	51
ハンゲ	240
ハンゲショウ	219

■ヒ

ビオラ・ソロリア	75
ビオラ・パピリオナケア	75
ヒカゲイノコズチ	302
ヒガンバナ	372
ヒシ	257
ヒゼングサ	98
ヒデリコ	380
ヒナゲシ	100
ヒナタイノコズチ	303
ヒメウズ	34
ヒメオドリコソウ	18・410
ヒメガマ	223
ヒメコバンソウ	141
ヒメシャガ	119
ヒメジョオン	148・410
ヒメスイバ	107
ヒメチドメ	137
ヒメツルソバ	105
ヒメツルニチニチソウ	74
ヒメハギ	23
ヒメヒオウギズイセン	229
ヒメフウロ	192
ヒメミカンソウ	262
ヒメムカシヨモギ	329
ヒメモロコシ	289
ヒヨドリジョウゴ	251
ヒヨドリバナ	297
ヒル	142
ヒルガオ	167
ヒルザキツキミソウ	183
ヒルナ	142
ビロードタツナミ	69
ビロードモウズイカ	300
ヒロハノマンテマ	110
ビンカ	74
ヒンジガヤツリ	381
ビンボウカズラ	260
ビンボウグサ	60

■フ

フイリガマ	223
フキ・フキノトウ	13
フクベラ	104
フクロナデシコ	209
フジカンゾウ	351
フジナデシコ	270
フシネハナカタバミ	188
フジバカマ	330
ブタクサ	293
ブタナ	61
フタバハギ	201

フッキソウ	80	ミズフブキ	269	ヤブガラシ	260
フデクサ	115	ミゾカクシ	152	ヤブカンゾウ	237
ブテリス	124	ミゾソバ	277	ヤブケマン	101
フラサバソウ	15	ミソハギ	258	ヤブジラミ	73
フランスギク	62	ミチシバ	241・389	ヤブソテツ	125
■ヘ		ミチヤナギ	216	ヤブタビラコ	131
ヘアリーベッチ	197	ミツバ	175	ヤブヘビイチゴ	89
ヘクソカズラ	250	ミツバゼリ	175	ヤブマメ	352
ベコノシタ	205	ミツバツチグリ	87	ヤブミョウガ	308
ヘソクリ	240	ミドリハコベ	38	ヤブラン	375
ベツレヘムの星	122	ミミナグサ	109	ヤマショウブ	228
ベニカンゾウ	236	ミヤコグサ	83	ヤマトナデシコ	357
ベニバナボロギク	331	■ム		ヤマノイモ	231
ベニラン	113	ムギグワイ	45	ヤマホタルブクロ	151
ヘビイチゴ	88	ムシクサ	66	ヤマユリ	235
ヘビクサソウ	40	ムシトリナデシコ	210	■ユ	
ヘラオオバコ	156	ムラサキエノコログサ	383	ユウガギク	399
ペラペラヨメナ	63	ムラサキカタバミ	189	ユウゲショウ	179・217
ペンペングサ	29	ムラサキケマン	101	ユウレイカズラ	174
■ホ		ムラサキサギゴケ	134	ユキノシタ	205
ホウコグサ	59	ムラサキタンポポ	53	■ヨ	
ホウシバナ	238	ムラサキツメクサ	194	ヨウシュヤマゴボウ	212
ホウライシダ	125	ムラサキツユクサ	239	ヨウラクソウ	337
ホクロ	39	ムラサキハナナ	97	ヨシ	392
ホソアオゲイトウ	358	ムラサキマムシグサ	114	ヨシノユリ	235
ホソバアキノノゲシ(葉)	313	■メ		ヨメガサラ	335
ホソバテッポウユリ	234	メキシコマンネングサ	85	ヨメゴキ	335
ホタルブクロ	150	メグサ	252	ヨメナ	332
ボタンヅル	356	メシバ	387	ヨメノシリヌグイ	368
ポットマリーゴールド	406	メドハギ	266	ヨモギ	400
ホテイアオイ	310	メナモミ	397	■リ	
ホテイソウ	310	メノマンネングサ	207	リトル・ラブグラス	244
ホトケノザ	19・410	メハジキ	253	リュウノウギク	401
ホンタデ	367	メヒシバ	387	リュウノヒゲ	283
ホンバナ	258	メマツヨイグサ	181・410	■ル	
■マ		メリケンカルカヤ	391	ルコウアサガオ	170
マタデ	367	■モ		ルリカラクサ	14
マツバウンラン	65	モジズリ	220	ルリニワゼキショウ	227
マツヨイグサ	180	モチグサ	400	■レ	
ママコノシリヌグイ	368	モトタカサブロウ	245	レッド・キャンピオン	110
マムシグサ	114	モモイロヒルザキツキミソウ	183	レンゲ	84
マメグンバイナズナ	93	モントブレチア	229	レンゲソウ	84
マメチャ	263	■ヤ		レンセンソウ	68
マルバアカザ	363	ヤイトバナ	250	■ロ	
マルバアサガオ	169	八重ドクダミ	218	ロウソウ	389
マルバトゲチシャ	246	ヤエムグラ	153・410	■ワ	
マルバルコウ	170	ヤクモソウ	253	ワスレナグサ	70
マンジュシャゲ	372	ヤグルマギク	64	ワルナスビ	162
マンテマ	209	ヤセウツボ	157	ワレモコウ	354
■ミ		ヤナギイノコズチ	304		
ミコシグサ	347	ヤナギタデ	367		
ミズアオイ	377	ヤナギバヒメギク	148		
ミズガラシ	92	ヤノネグサ	369		
ミズキンバイ	256	ヤハズエンドウ	26		
ミズヒキ	306	ヤハズソウ	267		
ミズブキ	269	ヤブカラシ	260		

著者紹介

金田 一（かねだ・はじめ）

1972年、著名な植物写真家の金田洋一郎と植物ライターの金田初代（著書多数）の間に生まれる。幼少の頃から植物写真の撮影現場に同行したり、植物図書の編集現場を見ながら成長する。植物写真ストックフォトライブラリー株式会社アルスフォト企画に勤務。2004年頃から園芸植物を中心とした植物写真の撮影を開始。現在は、植物写真のみならず、「生活に根付いたガーデニング文化」を的確に捉える写真表現の確立を目指している。グリーンアドバイザー資格取得。著書に『散歩で見かける四季の花』（日本文芸社）、撮影担当書籍に『コンテナガーデニング 和と洋の融合』（実業之日本社）、編集協力書籍は『ハンディ図鑑 散歩道の木と花』（講談社）、『花のいろいろ—四季を楽しむ12カ月の花ごよみ』（実業之日本社）、『色・季節でひける 花の事典820種』（西東社）他多数。

企画編集：蔭山敬吾（グレイスランド）
写真協力：金田洋一郎（アルスフォト企画）
執筆協力：金田初代（アルスフォト企画）
カバー＆本文デザイン：下川雅敏（クリエイティブハウス・トマト）
イラスト：竹口睦郁
DTP：葛西秀昭

散歩で見かける野の花・野草

2013年10月15日　第1刷発行

著　者　金田　一
発行者　友田　満
印刷所　玉井美術印刷株式会社
製本所　株式会社越後堂製本
発行所　**株式会社 日本文芸社**
　　　　〒101-8407　東京都千代田区神田神保町1-7
　　　　TEL 03-3294-8931（営業）03-3294-8920（編集）

Printed in Japan　112130910-112130910　Ⓝ 01
ISBN978-4-537-21141-2
URL　http://www.nihonbungeisha.co.jp
Ⓒ ARSPHOTO PLANNING 2013
編集担当：三浦

乱丁・落丁などの不良品がありましたら、小社製作部宛にお送りください。
送料小社負担にておとりかえいたします。
法律で認められた場合を除いて、本書からの複写・転載（電子化を含む）は禁じられています。また、代行業者等の第三者による電子データ化及び電子書籍化は、いかなる場合も認められていません。